2018 年度湖南省社科基金项目“王船山家风及其传承研究”（18JD08）结题成果。

湖南省船山学研究基地衡阳师范学院 2018 年资助创新平台开放基金项目“船山家风传承研究”（CS18K05）结题成果。

本书由湖南省船山学研究基地资助出版。

船山家风传承研究

邓胤龙 著

湘潭大学出版社

图书在版编目（CIP）数据

船山家风传承研究 / 邓胤龙著. -- 湘潭 : 湘潭大学出版社，2021.1
ISBN 978-7-5687-0514-1

Ⅰ. ①船… Ⅱ. ①邓… Ⅲ. ①王夫之（1619-1692）—家庭道德—思想评论 Ⅳ. ①B823.1

中国版本图书馆 CIP 数据核字（2020）第 253341 号

船山家风传承研究

CHUANSHAN JIAFENG CHUANCHENG YANJIU

邓胤龙 著

责任编辑：李志红
封面设计：李　平
出版发行：湘潭大学出版社
社　　址：湖南省湘潭大学工程训练大楼
电　　话：0731-58298960 0731-58298966（传真）
邮　　编：411105
网　　址：http://press.xtu.edu.cn/
印　　刷：广东虎彩云印刷有限公司
经　　销：湖南省新华书店
开　　本：710 mm×1000 mm 1/16
印　　张：13.25
字　　数：224 千字
版　　次：2021年1月第1版
印　　次：2022年3月第1次印刷
书　　号：ISBN 978-7-5687-0514-1
定　　价：58.00 元

序　言

王兴国

邓胤龙老师写了一本《船山家风传承研究》，请我作序。我通读原稿之后，觉得此书有三个特点：

首先，从形成的角度，对船山家风做了比较准确的概括。此书在系统地叙述了船山的家世、生平的基础上，将船山家风特点概括为六个方面：忠君爱国、厚德载物、孝悌传家、安贫乐道、不信僧道、诗书持家，并且结合它们形成的历史过程对它们进行比较具体的分析。例如，在谈到“忠君爱国”时，首先叙述了王氏祖先的尚武报国。王氏祖先先后被明洪武帝、永乐帝、成化帝、弘治帝嘉奖。《邗江王氏五修族谱》中就载有皇帝的嘉奖令，将王氏这些祖先称为守卫边陲之地的“忠实、勇果、英敏、通达之人”。其次是系统地介绍了船山的反清复明思想。在方广寺起兵抗清失败之后，船山投奔南明政权，四次作“悲愤诗”，表达了对明朝的忠诚之心。清朝的统治确立之后，船山依然不与清朝合作，以“活埋”精神潜心著书立说，其行为就是一种反抗：他“头不顶清朝的天，脚不踏清朝的地”，不管天晴下雨，外出都戴斗笠（打伞）穿木屐；面对清朝官员的笼络、馈赠，加以拒绝；在“留发不留头，留头不留发”的现实面前，他依然故我，不剃头，保持明代的发式和生活习惯；其自题墓志铭“抱刘越石之孤愤，而命无从致；希张横渠之正学，而力不能企。幸全归于兹邱，固衔恤以永世”。忠于民族、忠于国家的情怀一览无遗。又如在论述“厚德载物”时，介绍了王船山的父亲本来是有机会做官的，但他不愿贿赂那些把握他升迁机会的贪官污吏，宁愿不入仕，也不扭曲自己的人格去做自己认为不对的事情。崇祯壬午年（1642）冬，王船山将出门参加考试，临行前请教父亲说：“夫之此行也，将晋贽于今君子之门，受诏志之教，不知得否？”意思是我此次出去，准备投奔于当今一些有名望的大人君子的门下，以得到他们的教导与提携，不知是否可以？其父很不高兴地说：“今所谓君子者，吾固不敢知也。要行己自有本末，以人为本而己末之，必将以身殉他人之道，何似以身殉己之道哉？慎之，一入而不可止，他日虽欲殉己而无可殉矣。”告诫王船山做人要有自己的基本原则与坚定信念。王船山的母亲则是一位不简单的家庭主妇，她给家庭营造了浓浓的亲情味，让每一个人感受到了家的温暖。上述情况表明，作者在分析船山家风时，既注意摆事实，又注意讲道理，在分析时有一定的理论深度。

其次，从传承的角度，提供了一系列具体范例。作者从《邗江王氏五修族谱》《邗江王氏六修族谱》中选取了十多篇人物传记，不仅为船山家风的传承提供了具体范例，而且提供了船山后裔在保护有关船山的文物和收集保存船山遗著等方面的珍贵史料。例如，在《王敔行述》中可以知道，王敔于雍正己酉年（1729）撰写先考行述，把家藏《思问录》《正蒙注》《庄子解》《楚辞通释》诸书，交与当时湖南巡抚潘宗洛，呈乞作传。潘氏将此遗书推荐存于四库馆。洎公年逾六十，从游者之有志，及戚友之有力，捐刊《船山遗书》数种。湘西草堂倾圮，不惜礼银，维修宅舍，规制视昔益佳。又如，王嘉逵父子见衡阳东洲、王衙山先坟累累被境豪盗葬，并混占祀产，讼经十余载，始反其田迁其棺，而茔兆屹然以安。湘西草堂在乾隆年间，有暗售他姓已成，嘉逵父其旋翁闻之讼于官，以原值赎回草堂并塘一口。既而草堂就圮，公又与父商重构之，焕然一新。蕉畦（王敔）房孙支凋谢，数代神主尽置公庄，其旋翁黯然神伤，命公迎归草堂奉祀，为船山祖祠。而岳后双髻峰下，有续梦庵，船山避兵读书处，失管数十年，迩来仍返故主，亦公之力居多。尝贷赀刻船山《周易稗疏》《大象解》二册传布，继欲复刻他书，恨力不济。家徒壁立，惟遗书数簏，谨守弗敢散佚。即有知交借览，必嘱以勿经咸手翻阅。又如王承佺在船山没后，眼见“变故迭乘，庵归异姓，碑残荒烟，鬼无血食，即草堂故墟，持倒戈而更谁何”的情况，“率同气以复先业自任，舌敝乡曲，身屈公庭，于彼于此绸缪罔间，由是外府之璧以归，合浦之珠以还。亦越于今，庵固仍为续梦也，草堂辟为祭室也，全祀田，明祀事，馨香时荐也；立墓碑，颁山禁，残魂有归也。殚矣，斯仙之力诚哉！斯仙之心至，区区财费又奚足为？斯仙道船山笔札甚伙，向无多藏于家，寻访故旧，网罗散失，不使手泽就湮，有功先世，亦有裨后学。”过去，人们在谈到王氏守遗经书屋刊《船山遗书》时，只谈到王承佺提供了船山著作，但很少介绍他的生平。这段传略虽然不长，但将王氏这位守护船山的功臣，作了画龙点睛的描绘。有关船山的文物和船山的遗著，都是船山家风和船山精神的物质载体，船山后裔能在漫长的历史年代中经过千辛万苦将这些宝贵遗产保存下来，是莫大的功劳。

最后，从践行的角度，强调船山家风在新时代的传承和发扬。作者深入船山故居调研、采访，获得了权威、可信的第一手资料信息，这些数据、材料真实、可信，是研究船山家世家风的珍贵资料，也是践行新农村建设的很好范例。第五章“船山家风调查实录”中收录了十多篇对船山后裔的实地调查。通过采访、调研，了解船山后裔关于祭祀先祖的活动、对子女的孝有什么具体要求、小孩读书求学情况、对船山家风继承情况以及目前他们的生活状况及生活习惯等方面的情况。调查的结果表明，船山后裔大多数文化水平虽不高，但都知道船山的《传家十四戒》，并且遵守较好。在本书第六章“船山家风传承研究的意义”中，作者指出，船山家风如果用现代人的眼光来看，不外乎“和睦的建构导向：增进邻里亲厚度”“孝悌的互动整合：促进家庭和谐性”“勤俭的认同归属：推进消费理性化”等方面。船山家风对当前新农村建设的借鉴作用，则主要表现在“德才结合，以正家风”“回归生活（生活德育），彰显本质”“知行合一，注重践行”“结合时代，创造转化”等方面。可以说，船山家风对我国新时期新农村建设具有很好的践行、促进作用。

以上特点表明，此书是有一定的学术价值的。

是为序。

2020 年 6 月于长沙

目　录

第一章　船山家族部分家世文献整理及评析

第一节　《家世节录》注释及评析

《邗江王氏五修宗谱》收录了王船山所作的《家世节录》，中华书局1962年出版的《王船山诗文集》和岳麓书社1996年出版的《船山全书》均收录了此文，可惜没有作注。现将《家世节录》注释如下：

《礼》：大夫有家，《诗》称："有邰家室。"司马迁纪列国为世家，下况之辞也。今制：七品以下通乎士，六品以上通乎大夫。先骁骑公肇家于今十三世，虽子孙之弗克构乃家，固得以有家矣。夫之不肖，以坠令闻，又遘兹鞠凶，国绪如线，家亦以殄。呜呼！维我祖暨考之保此彝命者，宁有替也！夫之最晚生，时得敬聆庭训者，十百之一二。随节撰录，肃呈之从长兄万户、伯兄孝廉，佥曰谐汝从。呜呼！后之人其尚念之哉！时□□十有二年季秋月朔日乙未，征仕郎行人司行人介子夫之谨述。

第一代　骁骑公

太原王氏，出自姬姓之后，至离次子威而分，至雁门太守昶而著。元以上，兴替不一。元末有居高邮州之打鱼[1]村者，断为鼻祖骁骑公（讳仲一）。骁骑公兄弟，或云九人，或云七人。群雄逐元，公兄弟亦起义兵会焉，或殁于兵中。其与公并显者，公弟仲二公、仲三公，皆从太祖渡江。仲一公以功授山东青州左卫正千户。仲二公、仲三公各以功累袭长沙衡州[2]二卫指挥。

注释：

[1] 鱼：同"渔"。

[2] 衡州：宗谱上原为"茶陵"，此时没有茶陵卫，应该是衡州卫。

第二代　明威将军都尉公

骁骑公生明威将军，上骑都尉公（讳成），从成祖南下，功最，升衡州卫指挥同知[3]，乃宅于衡[4]。

注释：

[3] 指挥同知：指军事指挥长官，相当于现在警备区首长。

[4] 宅于衡：由此可知，王氏一族正式在衡州落户。宅：居住。

第三代　第四代　嗣都尉公

都尉公生嗣都尉公（讳全），嗣都尉公生嗣都尉公（讳能），皆袭世职，终于官。(俱以忠干[5]世其职)

注释：

[5] 忠干：忠诚干练。

第五代　昭勇将军

嗣都尉公生昭勇将军，上轻车都尉公（讳纲），累官江西都使司都指挥佥事[6]。轻车公风裁刚正，娴治文墨。掌卫事时，与太守古公，偕见直指使。古公自司马郎出守郡，执旧属礼，与公争西上。公据祖制折之，曳落其裾，直指使以公为直。会同里刘黄门公（昊）请于廷，修南岳庙，部推公能，檄入川采木，归督造庙，岿然帝制，崇丽冠五岳，所费不过五千金，皆公所区节也。事具商文毅公（辂）碑记。后官江西，与藩臬会紫薇堂，藩使以公伉直，欲以文墨相难，连缀韵语，公应口和之如夙撰，藩臬使皆为敛容焉。

注释：

[6] 都指挥佥事：明朝的按察使司设佥事，作为辅佐按察使、分领各项事务的官员，品级为正五品。明代提刑按察使司（按察使、管理一省监察、司法的长官）属官有佥事，无定员，分道巡察。清代初期沿置，乾隆十八年（1753）废除。清末改制，部分机关有设，地位高低不一，多在参事之下。

第六代　骠骑将军

轻车公生骠骑将军上护军公（讳震），字东斋，累官镇守柳庆参将。始轻车公所与伉太守古公者，擢大司马。骠骑公以舍人嗣袭[7]，过司马门下。古公阅世系状，如为轻车公子，问曰："汝王某儿邪？"应曰："诺。"古公曰："王某文武材也，此正思擢之，以纾边急，今岂其没邪？"对曰："某父以某时历江西都使，卒于官。"古公怆然改容，作而叹曰："汝父风采，今日若在人目中。虎父不生豚儿，汝但好为之，无忧不大用。”护军公泣伏再拜而退。逮致政里居，每举以戒子孙。至先君，犹能详道之如昨日事。呜呼！先正体国用人，争而不忮[8]如此，天下何得不晏然。顾非轻车公之大节，实有以厌君子之心者，亦无以得此。骠骑公累官二品，家无余赀。柳庆居百蛮之冲，怀柔[9]震迭，不侵不叛，其承堂构而报元老之知，亦有所自来也。

注释：

[7] 嗣袭：袭职。

[8] 忮：嫉妒。

[9] 怀柔：指统治者用温和的政治手段笼络非主体民族，使之归附于自己。

第七代　都使公　处世公

骠骑公长子（讳翰）嗣袭职，累官都使，卒，赐葬祭。第四子处士公（讳宁），号一山居士，始以文墨教子弟，起家儒素焉。

第八代　文学公　掌故公

一山公长子顺泉公（讳亨），郡文学。次掌故公（讳雍），号静峰，应隆庆四年乡贡，初授武冈州学训，升江西南城县学谕，致仕，卒于家。掌故公纯懿宽厚，推重伦辈，凡应贡者，类以捷得相竞。公届饩满，请让于所受业师，学使者义而许焉，公以迟之间岁。家世弁组，颇务豪盛，公苦吟清澈，不问家人业。或故诘公曰：“一石谷舂几许米？”公曰：“一石米。”轻薄者笑焉，公亦不怒。其敦长者行类如此。夫之童年，曾于先君箧中，见公试论一帙，今忘之矣。记其仿佛，清健朴亮，似杨贞复手笔。至论留侯用四皓争太子，非大臣体，王茂弘不得为纯忠，盖补《纲目》所未及也。

第九代　少峰公

掌故公生三子，长次峰公（讳惟恭），次少峰公（讳惟敬），次太素公（讳惟炳），补郡文学。少峰公之始生也，掌故公寝有奇征，故小字曰寝。公姿貌森伟，长六尺，髭须疏秀，瞳光透出十步，伉爽尚大节，饮酒至一石不乱。岁时衣大褶，戴平定巾[10]，坐起中规矩[11]。或劝公曰：“君阀阅胄子，郎君又以儒名家，独不可以儒服乎？”公笑而不应。掌故公之卒，以赀让弟太素公，随散随益之。终身不见一长吏，亦不襒裾于富贵之门。

纵酒自匿，而竟日口不道一里巷语。遇人有不可者，面斥无讳，而姻党敬爱。生平如一日。居家严整，昼不处于内，日昃入户，弹指作声，则室如无人焉者。课先君洎仲叔二世父诵习，每秉灯对酒，置笔砚座隅，令著文艺，恒中夜不辍。仲父偶戏簪一花，蓦见之，作色曰："此岂吾子弟邪！"故先君兄弟终身不有华曼之饰。先君年在既立，声望已著，每小失意，犹长跽逾时，必痛自谢过乃已，或时为劳勉焉。夫之少不肖，蒙谴于先君，仲父述此以见诫，相向唏嘘已，哽塞不能竟语。公年五十三，早卒，大中丞南海李公焘为表墓焉。元配冯太孺人，无所出。继配范太孺人，生三子，长先君，次仲父牧石先生（讳廷聘），字蔚仲，次季父（讳家聘），字子翼，皆郡文学。仲父和易而方介，恬于荣利，博识，工行楷书，古诗得建安风骨，近体逼何李而上，深不喜竟陵体诗，每颦蹙曰："何为作此儿女嚅唲！"晚岁筑室坳外，号曳涂居，莳花植药，怡然忘物，每谓漆园吏、东皋先生去人不远。生长兄玉之，起邑文学，以继绝嗣祖职，官指挥使。季父儒而侠，不屑家人业，裘马壮游，敦友睦，事先君如严父，生珍之。

注释：

［10］巾：帽子。

［11］中规矩：符合规范，今作中规中矩，意思是言行举止合乎礼节、法度。

评析：

《邗江王氏五修宗谱》中的《家世节录》到此结束，记录了王氏先祖自第一代骁骑公至第九代少峰公。据王敔云："遗书中有《家世节录》一编，上溯骁骑公，以逮武夷公。但录中所记武夷公之事甚详，篇帙繁重，且高轨有非浅近所易窥者，因仅述次其前编，分为八则，止于少峰公，而武夷公之行略则载先君所自撰之墓志，今亦为之加一小题——《第十代武夷公》，俾归一致。"由此可知，《家世节录》后续部分，为王敔把父亲船山公撰写的祖父王朝聘的佚事收录进来而成。

第十代　武夷公

先君讳朝聘，字逸生，一字修侯，志考亭闽山之游，以颜其居，学者称武夷先生。少师事邑大儒伍学父先生定相，研极群籍。已游邹泗山先生德溥之门，讲性命之学。万历间，为新建学者甚盛，淫于浮屠。先君敦尚践履，不务顽空。尝曰："先正有言，难克处克将去，此入德第一持循处，吾力之而未能也。”一切玩好华靡，不留手目。笃孝敦友，省心减务。窥所渊际，大概以克己为之基也。雅不与佛老人游。曾共释憨山德清谈义，已闻其论，唲然而退。终身未尝向浮屠老子像前施一揖。甲申岁，以寇退遗胔满野，募僧拾而瘗之，并使修忏摩法。仍曰：“此自王政掩胔骼之一事，顾今不以命之僧。吾惧仆佣之狼籍也。已属之矣，固不容执吾素尚而废其事。此亦神道设教之意，汝曹勿谓我佞佛而或效之。”

少峰公早世，夫之兄弟不及见先君色养。闻诸先孺人，终少峰公之世，有所呼召，未尝不称名以应。每加戒训，则长跪中庭，非命之起，至客至不起。已乃煦然，无少见颜色。少峰公卒，柴毁泣血。免丧，亲故乃不相识。在殡食一溢米粥，力疾执葬事，畚锸栽植，躬无慵力杂作。范孺人之疾革也，先君方授生徒于衡山。范孺人不欲先君之亟归，逮属纩，仲父方以信走报，犹讳言不测。时已昏黑，就主人借一骏马，驰百里，丙夜抵家。先君体清羸，素不习驰，纵辔驰阴黑中，把火者不相及，卒无倾踬，闻者以为神助。及归已复魂矣，匍匐号血，水浆不入口者三日。范孺人以痰疾终，收所唾盂，藏之苫次，每捧以哭，殆于绝声。每上少峰公、范孺人墓，酹酒泣下。耆艾[12]之年，犹作孺子泣。岁时荐于寝，整衣鹄立，屏息摄足。荼醴之奠，必躬执焉。夫之兄弟间请分其劳，皆不听许。待仲叔二父，终身无一间言。或遇唲意事，相对二父，则笑语如常，脱然忘其所忧戚。一觞一咏，评古跋今，谐适送难，欢如朋友，而危坐正膝，不伤于媟[13]。至于衣无私主，财无私藏，则初以为适然，未尝留先君胸中，不足细述也。

万历间，诸以理学名者，拱手曳裾，糨褶峨巾以为容。先君口无过言，身无嫚度，而坦易和粹，衣冠亦如时制，无所矜也。崇祯初，文士类以文社相标榜，夫之兄弟亦稍与声气中人往还，先君知之，辄蹙眉而不欢者经日。丙戌岁乡试楚士于湖南，刘浣松水部明遇以点定墨牍属夫之，已授之镌者，先君怒曰：“汝以是为儒者分内事邪?”卒不许竟其事。大约窥先君之志，以不求异于人为高，以不屑浮名为荣。故性不喜饮酒，而留客卒欢，或至中夜。不以断肉禁杀为仁，而启蛰方长，终无侵害。食品非鸡鹜豚鱼，未尝下箸。终身不过狭邪之门，而对歌舞亦为之适然。投牒归隐，未尝岩凄谷饮，而盘桓斗室，竟岁不履城市。自非忠孝大节，卒不修赫赫之行，此以恒久而不可乱也。

先君为制义，风味似冯具区，诣人似朱大复。每以理极一往，翔折取意为至，而不多取绩藻。论文则以极至为主，恒苦作者不能臻己所未到。早受知于邑令胡公，［忘其名］自童子中，以国士相期。会学使者有所嗛于邑，故抑先君以示意。继新安立斋王公宗本令衡，复深相知。凡两最童子科，乃补郡文学。以文字相知许者，义兴周公应修、太湖马公人龙、四明陈公圭、温陵刘公春。

先君以万历乙卯、辛酉两副秋榜，分考胡公允恭首荐，太史西溪缪公昌期业定录名次，以封策中犯副考朱黄门童蒙名，黄门不怿，置乙第。是年熹宗登极，以恩予副第者贡太学。先君年已五帙，倦于文场，叹曰："余分在此，且筮一命。或得报政而邀王言，以补禄养之不逮也。"遂应贡入辟雍。历满应部铨，时选政大坏，官以贿定，授正八品官。先君素矜风轨，及是相知闻者，谓必罢选不就。先君笑曰："积薪何常之有。我应此小用者何意，无亦聊与优游，而以悻悻去哉?"初，仲父闻之，亦为扼腕。先君自都门归，欣然尽遣诸胸中，仲父叹曰："吾兄所谓贤者不测也。"已赴谒选，会乌程当国，操切以希上旨。其姻家唐元弼者，干没副贡籍，求府判所部核罢之，乌程怒，为罢铨郎。新铨郎蔡相弈琛会乌程意旨，苛按辛酉副贡，移仪曹，索故纸，束泾甚，暗索贿焉。先君曰："是尚可吏也乎？吾以求一命为先人故，俛折至此。若出赇吏胯下，以重辱先人，是必不可。"诣仪曹辞罢。大仪慈溪冯公起龙笑谢先君曰："观生气固不可折者，吾为选，君必旦暮为除遣，何有长者而作少年拂衣意气乎?"先君正色长揖而对曰："无所辱公嘉惠。某有田可耕，有子可教，终不敢欺天，以暮夜金博一官。"碎假帖而退。夜买驴出春明门，遂归。莳药灌畦，若未踏长安尘者。家居十七载，不一至郡邑庭，亦不通杂宾客，非两叔父外诸从洎及门问字者，往来都绝。长吏到门，以疾却刺。夫之举主欧阳方然先生（讳霖）相过，请见者三，乃一报见而止，犹不怿者终日焉。

先君少治《诗》[14]，徒治《春秋》。蹑屩束经，走安成亭州问业，所向即倾动人士。已授生徒，梢为研凿。及门达者，先舅氏孝廉谭公允都、举首欧阳节庵瑾、开建令经元贵阳马丹邻之驯。晚岁端居屏人事。里社后进，间因夫之兄弟以文字求点定，时际欣适，亦为论次。如郭季林凤跹、夏叔直汝弼、何伟孙一琦，皆所鉴别，俱为名孝廉。会丧乱，不得竟其所至。先君和粹不立城府，煗然无所抵牾于物，顾所不可，纤毫不以折意。

方谒选时，邑大常卿陈公宗契、零陵铨司蒋公向荣，深相引重，欲为先君地，皆笑而谢之。大参陈公圣典会先君，因致书长安达者。先君受之，中涂发缄，有先容语，遂不复致，橐之而归。初欲返之大参，已而曰："何用作此晓晓折彼意为?"因不果返之。营道骆都督思恭掌金吾事，监修国史。史成，例荐纂修者，晋所考秩予速选。以同乡故，咨先君于部。先君亦笑受其咨，既终不以赴部，亦不以返于骆，留笥中，抵家乃焚之。盖先君大节求尽于己，而不标君子之名以自炫，大要如此。壬午冬，夫之上计偕，请于先君曰："夫之此行也，将晋贽于今君子之门，受诏志之教，不知得否?"先君怫然曰："今所谓君子者，吾固不敢知也。要行己自有本末，以人为本而己末之，必将以身殉他人之道，何似以身殉己之道哉?慎之，一人而不可止，他日虽欲殉己而无可殉矣。"呜呼!先君子训，如日在天，使夫之能率若不忘。庚寅之役，当不致与匪人力争，拂衣以遁，或得披草凌危，以颈血效嵇侍中溅御衣，何至栖迟岐路，至于今日，求一片干净土以死而不得哉!诲尔谆谆，听我藐藐，小子之弗克靖也，人也非天只矣。

初，伍学父先生与先君为师弟子，而相得如友生，先生藏书万余卷，居恒谓家君："此中郎所以贻仲宣者，行归之子。"后先生猝得热疾，遽急不能语。先君躬执药食，先生目语先君，如将有所授者，先君辄俯首不答。归而叹曰："吾宁负先生治命，不能受仲宣之托也。"先君严于取与，大率如此。夫之所目击者，未尝轻过一人饭，亦未尝辄受一人名刺。凡夫之兄弟所交游，稍有笺扇之馈，心峻却焉。伯兄己卯上北雍旋，于白下市缚［音线］绢制夹衣，着绵以进，弥月不敢呈，渐因先孺人奉之。笑视良久，取而藏之，经冬不御。间岁，仍返诸伯兄。伯兄复因仲父婉道意，乃以所值授伯兄，始取服焉。两兄洎夫之有茗果羹脯之献，月不敢再。间月进之，亦多纳而不尝。两兄省试归，曾买小说一帙奉先君，为解颐之助。开卷视数则，辄束焉，嗣以遗族叔，且曰："此儿子所奉也。"仲父以间言曰："兄之子，幸免不成立。所奉亦笔舌所得，何峻拒之如是?"曰："其人则吾子也，其物则非吾有也，以吾一人者用物于天地，而数人者取天地之精，不已汰乎!且清心省事，徒以行之他人而不行之吾子，其亦以此忤物矣。邑吾以此教豚犬子，尚不能不轇轕[15]浮沈于名利之际，奈何复决堤而先之泛滥也!"凡受业于先君者约数十辈，束脯之仪，以贫而却之者半焉。时亦有所赈予，及为人排急难，要未尝轻先期诺之。贤者不得而亲，不肖者不得而疏也。夏竚冬絮，拥膝危坐，间终日而不一语。自夫之有识以来，二十年如一日，亦姻党僚友所共知，无得而间焉。

先君严于自律，恕于待物，即僮仆亦未尝深加诃责。以少峰公茔墓为族人不肖者所犯，一讼之有司，此外无一字入郡邑。曾衣新缯褶过城㢋[16]阓[17]，有鬻薪者，醉而突出，以所荷杖刺衣幅裂，落其裾。其人惶遽，故狺狺作不逊语。先君笑曰："待我执汝索偿，而始作此状未晚，今且去不须尔也。"其人虽醉，不觉膝之屈也。先君亦顾而去之。又尝晏出，门外有鬻豆糜者，踞坐门槛，命之起不起。稍正色诘之，顾瞋目直视，捧其糜掷中先君，巾服皆渍，先君徐步入内易衣，家人皆不测所以，先君亦不语以故。徐闻门外喧豗，则邻左人共搏其人，尽以所鬻糜投之沟中，捽而将系之矣。先君易衣毕，遽出语搏者："彼幸未有所犯于我，直蠢愚不虑难尔，何忍令其荷空甑归，无用以对妻子为？"如其值而授之钱。邻人皆惊讶，余怒不已。诘旦乃笑而谓之曰："子昨者之怒，今可以忘乎未邪？"故里中之醉而号者，争而斗者，樗蒲[18]而相逐者，惟恐令先君知。邻有贵介子弟任县令罢归，不能辑其奴客虐侮市侩买小民。先君遇之，则正色视之。虽未加诋诃，而无不仓皇失措者。后遂渐畏而改焉。凡里中郡邑文学，有数至公门请谒者，皆令携巾衫人走间道，不敢经过门前。先君后渐闻之，叹曰："夫我奈何使人徒畏！"遂以禁步门内。又曾以孟冬携夫之上一山公茔，归渡耒水，操舟人索钱不已，从人与之争，其人醉而狂詈，刺刺不休，奋石相掷，及夫之马首。夫之于马上劝止之，愈不得止。夫之怒，令人搏之。其人掉舟中流，无可如何。先君见夫之怒不可遏，从容上肩舆去。使人传命云："此何难，且归，徐告于有司捕系。"夫之乃回辔而反。抵家，先君色既不怍，又不一语及之。夫之不敢请。迟之数日，乃曰："前者操舟狂夫，何以不属之有司乎？"俯而微笑。夫之不觉汗之沾颐，先君乃为好语慰藉而起。

先君教两兄及夫之，以方严闻于族党。顾当所启迪，恒以温颜奖掖，或置棋枰，令对弈焉。唯不许令习博□击球，游侠劣伎。间坐则举先正语录，辩析开晓，及本朝沿革、史传所遗略者，与前辈风轨，下及制艺，剔灯长谈，中夜不息。两兄淳至，无大过失，时或以小节违意旨。夫之少不自检，多口过。每至发露，先君不急加诘谪，唯正色不与语，问亦不答。

故夫之兄弟亦不易自请愆[19]焉。如此旬余，必待真耻内动，流涕求改，而后谴诃得施。已乃释然，至于终世，未尝再举前过以相戒。庭戺[20]之中，喧日严霜，并行不悖。恒谓处人己之间，当令有余，亲如子弟，贱如奴仆，且不可一往求尽，况其他乎！昔在京师，见一名冢宰，大书榜云："本部既不要钱，如何为人要钱?"亦何至如此以为君子邪！故其施于家者，张弛如此而。夫之兄弟亦幸以免于恶焉。

崇祯癸未，张献忠陷衡州，钩索诸人士，令下如猛火，购伯兄及夫之甚急。先君为伪胥所得，勒至郡城。伪吏故为软语，诱先君致夫之兄弟。先君张目直视，终不答。伪吏怒，将羁先君。先君叹曰："安能以七十老人俯仰求活！"沐浴易衣，就亲故告别，将以是夕投缳。夫之闻先君在系，乃残毁支体，舁[21]箦到郡，守候彻夜，乃不果。明日遂以计脱遁。黄冈奚鼎铉始以文字与夫之相知闻，至是陷贼中为吏，力脱先君于险，先君终不与语。

永历丁亥，夫之避居湘乡山中，伯兄匿迹东安之四望山，先君间寄手书至曰："汝若自爱，切不须归，勿以我为念。"时八月二十三日也。书发之明日，遂以觏[22]疾。伯兄踉跄先归，夫之以次还，先君顾不喜。已乃力疾率伯兄及夫之上南岳峰顶以隐。俄而疾急，乃曰："吾居平无一言可用教汝兄弟者，况今日乎！我即不起，当葬我此山之麓。无以榇[23]行城市，违吾雅志，且以茔兆在彼，累汝兄弟数见诸不净事也。"卧病三月，未尝有一呻吟之声。十一月十八日平旦，扶起晏坐而终。先君之于患难生死，有如此者。

先君于文词诗歌，不数操觚[24]。盖以简柙性情，惧艺成之为累也。早岁与学父先生洎诗僧复支，颇有酬和，皆削其稿，尽无传者。夫之所获见者，送邑侯梁东铭志仁人计序，及赠处士陶翁（万梧，夫之妻父）文，今皆忘之矣。又曾于刺尾得睹过应山平靖关一绝句，今附录焉："楚塞横开西接秦，平沙风起柳花春。即今江北须回首，渺渺江南愁杀人。"崇祯戊辰春所作也。

先君于书法不求甚工，而终身不作一行草及纵笔大书。易箦之岁七十有八，先卒三月，所敕夫之兄弟手札，皆蝇迹雁行如界画。少所读书，收束洁齐，五十余年帙卷如新。上平未尝败一陶器。残楮剩稿，岁聚而焚之。食无兼味，饭止一盂。饮酒不见酒容。诸非时蔬果、烹饪失宜者，绝不入口。茸屋取蔽风雨，所居一室，净几垩[25]壁，萧然尢长物。禁夫之兄弟不令置田宅，仅以给一年丰凶之中为止，曰：“安有儒素而求田问舍者，且贪之媒而祸之始也。”大欢不破颜而笑，大怒不虓声而呵。北还遇盗于良乡县界，掠夺殆尽，会有中承赴镇遇焉，遣人存问，并邀往见，欲为追捕，先君谢而不往。唯一笥中余二十金，同行者多有所余，而故闭之，以穷告，先君遂分所余授之，不取偿焉。凡此皆细节不能具志，要非先君所留意，聊赘一二语以记素业，用示诸后云尔。

先君元配綦孺人，外大父掌故公（讳□）。綦孺人淑顺孝姻，生子一，三岁而殇。孺人以万历甲午岁卒。继配先太孺人姓谭氏，外大父处士念乐公（讳时章）。念乐公性和恺，为敦笃长者。顾崖岸崭峻，不可干侮。曾游巴蜀，有姻戚宰充国，往访之，因稍留廨舍[26]，其馆客倨谐，一言拂意，不辞而出。匹马走江滨，顺流泛三峡而归。主人数道追赆，已弗及矣。其标致高远如此。念乐公配欧阳太母，生子三，长惺歈公（讳允阜），季玉卿公（讳允琳），皆邑文学。中子小酉公（讳允都），中天启甲子乡试，乙丑上春官以文句犯权奄，置乙第。女二，长即先孺人，次适文学伍季咸公一盈，遇乱为贼所得，不屈，骂不绝口，贼以刀环乱筑致殒。先孺人生伯兄介之，中崇祯壬午乡试。次仲兄参之，弘光选贡，未就廷试，遇乱以疾先先君卒。次不肖夫之，以壬午举人，授行人司行人，予假养病归山，今行年四十矣。孙七，敉、敞、勿药、致、攽、勿幕、敔。敞，伯兄出。敉、致，皆仲兄出。勿药、攽、勿幕、敔，夫之出。敉以孝殒于难，致早夭。曾孙一，生祁，敞出。

先孺人年十九归先君。以少峰公之严，虽先君及两叔父藉甚士林，未尝少为假借，顾于先孺人，则不能不喜道之曰：此孝妇也。先孺人终未自言所以事舅姑者，今故不能述其详。间闻之叔母云：少峰公洎范孺人存日，起恒不待晓色，夜则暗坐彻丙夜。若浆酒饵以进者，不敢使烹饪刀砧之声闻于外。隆冬不炉，惧烟焰之达也；盛暑不扇，惧其作声响也。与侍婢语，必附耳嚅咒，虽甚喜笑，不见齿也。少峰公昼出于外，薄暮入，则涤器移案之类，都不复作。如是者终少峰公之世。间归宁，外大母颇加慰问，则对曰：“居家固如是，未见翁之独严也。”外大母后述之，辄以为笑。少峰公卒，范孺人虽慈恺，亦不忍不以事少峰公者事范孺人。执三年之丧，哀泣瘠毁，倾笥箧以襄大事。迨释服，无以即吉焉。与仲母吴太恭人相得如骨肉，白首无间言。一庭之中，兄弟訚訚于外，妯娌雍雍于内，欢然忘日月之长。后虽析居，间十日不往还，则怦怦若失。季母万晚得奇疾，性稍乱，先孺人一往问之，则流涕竟日。其卒也，一恸几绝。从大父太素公，暮年丧子，与朱太母就养先君，酒茗必清，蔬脯必治，饴粥果饵，逆探其意而供焉，二十年如一日。每逢綦孺人生忌，躬设香茗拜荐。事掌故公如父，綦太母如母，向卒五十年，言及犹为惨然变容。对先君如承严宾。先君夙有痰疾，煮药调食，必躬亲执事，不以属之子妇及委僮婢。先君疾革时，先孺人新自病起，羸弱不振，顾蚤起晏息，篝火亲事，一如其素焉。家承严政，内外栗肃者九代，自先孺人易之以和恺，育夫之兄弟恩九而威无一。遇诸新妇则纯用柔道，谈笑拊摩，终岁不一蹙其眉，即有过失，不加诃谴，徐俟其悔悟而后微戒焉。顾恒叹曰："吾性不欲以严待人，自此以往，流及于后，将有不率而反唇者乎？虽然，佳儿女岂须人诃责，不肖者操之，益横出矣。人日趋下，顾非吾作法之凉也。"先君宦学四方，家徒壁立，先孺人躬亲舂饪，支盈补虚，以佐图史舟车之赀，费逾千金。而两兄及夫之镫丸书卷，衣履赠遗，娶妇饴孙，以及岁时尝荐，伏腊酒浆之属不计焉，皆先孺人之手泽也。顾每有赢余，辄尽散以施姻党之乏，及他迫而来告者，下迨僮仆，人得取给，恒霈然有余，终不囊宿一钱，曰："奈何以有用置无用之地也。"居少不约，居多不丰，顺聚散以随时，故晚遇丧乱，麻衣橡食，欣然如素。夫之兄弟借以保其硁节，实厚载之无疆也。

先孺人年七十四，伯兄洎夫之同举。外王母欧阳太君年九十有二，生小酉公，举于乡。欧阳太君母年八十有四，生元素公炳，举于乡，官郡丞。杨太母所生母年九十，生耻所杨公，举于乡，官州刺史。凡四世略相等，戚里以为盛谈。先孺人晚年尤康胜，年逾七十，起居如五十许。以仲兄洎夫之妇陶相继早逝，嗣先君见背，哀怆所侵，始见衰微。己丑岁，夫之不孝，从王岭外，隔绝无归理，忧思益剧，遂以庚寅八月初二日，横罹崩摧，俾年帙劣于先世。呜呼！无始安再造之功，永天水当归之痛，此夫之含恨没齿而不慊者也。哀哉！

注释：

［12］耆艾：意为尊长、师长。此处泛指老年人。

［13］媟：意思是轻侮。

［14］《诗》：指《诗经》。

［15］轇轕：交错、杂乱。

［16］瘭：比喻隐患、祸害。

［17］闉：古指瓮城的门。

［18］樗蒲：是继六博戏之后，盛行于古代的一种棋类游戏。博戏中用于掷采的投子最初是用樗木制成，故称樗蒲。

［19］愆：罪过、过失。

［20］戺：台阶旁边砌的斜石。

［21］舁：共同用手抬。

［22］觏：遭遇。

［23］榇：棺材。

［24］操觚：执简，意为写作。

［25］垩：用白色涂料粉刷墙壁。

［26］廨舍：官署。

评析：

《家世节录》表明，船山一脉，自始祖王仲一到王朝聘，历经近300年，经久不衰。王船山先祖骁骑公王仲一行伍出身。王仲一带领众兄弟参加朱元璋领导的农民起义，起义成功后，王仲一官居山东青州左卫正千户，其弟王仲二、王仲三分封长沙、衡州二卫指挥。邗江王氏由江苏迁往衡阳，骁骑公王仲一被认定为船山一脉的始祖。

船山一脉第二代掌门人王成，受封为明威将军，跟随明成祖朱棣南下，屡立战功，后升任衡州卫指挥佥事，官职世袭。从此，王氏一族正式定居衡阳。

船山一脉第三代嗣都尉公王全、第四代祖公王能代代承袭衡州卫指挥佥事的职务，在衡阳繁衍生息，开枝散叶。

船山一脉第五代祖昭勇将军上轻车都尉公王纲，在世袭衡州卫指挥佥事的基础上一路升迁，担任了正三品江西都使司都指挥佥事的职务。上轻车都尉公王纲不仅两袖清风，刚强正直，而且还文武双全。王纲在担任衡州卫指挥佥事时，曾经同“自司马郎出守郡”的太守古公为觐见直指使的先后顺序发生争执。太守古公认为王纲是自己的下属，与王纲争着登上处于上位的西边台阶。王纲据祖制力争，犯颜直上，得到了直指使的赞许：

“公据祖制折之，曳落其裾，直指使以公为直。”王纲清正廉洁，精明强干，曾经主持重修南岳庙，花费不多而建设崇丽得到众人赞颂。①

第六代祖骠骑将军王震，字东斋，“累官镇守柳庆参将”。王震以舍人袭职，到古公门下报到。古公翻阅他的家世档案，得知他就是轻车公王纲的儿子，因佩服王纲的文武全才，清正廉洁，精明强干，故对王震格外尊重。王震也不负众望，在任上治理有方。他镇守的柳庆地区，“居百蛮之冲”。他采取恩威并用的方针，“怀柔震迭，不侵不叛”，保障了一方安宁，被封为“骠骑将军”，“累官二品，家无余资”，保持了公忠体国、刚直不阿、朴素廉洁的良好家风。

王氏先祖从第一代到第六代都是精武传家，到第七代起，才出现文墨起家的现象。随着时间的变化、发展，王氏先祖家风慢慢地由尚武转向诗书持家、耕读世家的现象。

船山一脉第七代传人处士公王宁，是骠骑公王震的第四子，号一山居士，他开始以文墨教育子弟。一山公的两个儿子不仅学习传统文化知识，而且还担任了负责教育事务的官职：长子顺泉公担任了郡文学，负责郡里的教育行政事务；次子掌故公担任江西南城县学谕。

船山一脉第八代传人王雍，号静峰居士，后人尊称为掌故公。掌故公王雍生有三个儿子：长子王惟恭，被尊称为次峰公；次子王惟敬，被尊称为少峰公；三子王惟炳，被尊称为太素公，“补郡文学”。掌故公王雍于隆庆四年（1570）参加乡试，最开始担任武冈州学训导，后来担任江西南城县学谕。掌故公“纯懿宽厚，推重伦辈”，一心苦读经书，不问家事。他从江西南城县学谕退休后返回家中，直到过世。

船山一脉第九代传人少峰公王惟敬，就是王船山的祖父。王惟敬出生时，他的父亲掌故公曾作一奇梦，所以把他的小名取为“梦”。少峰公王惟敬“姿貌森伟，长六尺，髭须疏秀，瞳光透出十步，伉爽尚大节，饮酒至一石不乱”。他平时穿着宽大的衣服，头戴平定帽，起坐符合规矩。有人劝他说：“你是阀阅胄子，郎君又以儒名家，为什么不可以穿儒服呢?”少峰公笑而不答。当父亲掌故公去世时，王惟敬把家财都让给了他的弟弟王惟炳，而且是“随散随益之”。少峰公终生不拜见任何官吏，“亦不襒裾

① 王德兰，等编．邗江王氏五修宗谱．1917.

于富贵之门”。他经常一人“纵酒自匿”，但从不说一句里巷粗话。遇到别人有不对之处，就当面指出而无所忌讳，因而受到亲友邻里的敬爱，“生平如一日”。少峰公“居家严整，昼不处于内，日昃入户，弹指作声，则入室如无人焉者”。少峰公对儿子教育非常严格，其表现为：一是到了夜晚，不准高声喧哗，必须保持安静；二是家中如有谁犯了错误，不管是谁，只要被他发现、知晓，一定会对其进行严厉批评、教育，甚至罚其长跪悔过。在被罚长跪过程中，如果没有得到他的允许，绝不准私自起来。据王船山记载：小时候的二叔王廷聘曾在一年的腊月三十晚上，因犯错被祖父王惟敬罚跪在柴房里，当时天寒地冻，风雪交加，父亲王朝聘担心二叔王廷聘冻着，偷偷地叫他起来去睡觉，可二叔因没有得到祖父的允许，不敢私自起来，一直跪到大年初一的早上，直到祖父祭祖时才发现二叔王廷聘没在，祖父便到柴房看时，二叔仍跪在那里。还有一次，王船山的叔叔偶尔玩一枝簪花，少峰公看到后，很严肃地说：“这是我儿子做的事情吗？”非常生气。所以，他的三个儿子“终身不有华曼之饰”。王船山的父亲王朝聘成年之后，在外面已颇有声望，但每有一点小的过失，仍然被少峰公处罚长跪，必沉痛谢过之后才能起来，并时常受到父亲少峰公的勉励训诫。家风传承，王船山年少时偶犯过失，也同样受到父亲王朝聘的谴责。为此，王船山的叔父就经常把过去祖父教育王船山父亲的往事讲给王船山听，以此训诫王船山，以致叔侄二人“相向欷歔已，哽塞不能竟语”，可见其家庭教育之严。少峰公享年五十三岁，去世较早。去世后，湖南大中丞李焘曾为之亲撰墓表，以资表彰。性情豪爽的王惟敬，一直对儿子们寄予厚望，希望他们能够登科做官，光耀门楣——这也可从他给三个儿子的起名可以看出端倪：王朝聘、王廷聘、王家聘。

船山一脉第十代传人王朝聘，字逸生，人称武夷先生，师从著名学者伍定相，博览群书，才华横溢，但仕途坎坷，加之为人正派，“以不求异于人为高，以不屑浮名为荣”①，不愿行贿买官，一生没有做过大官，而专攻《诗经》《春秋》等学术研究，还担任过私塾先生以维持生计。王朝聘节高义重，以德立身，给了王船山深深的影响和感染。

王朝聘品质一：笃孝。王朝聘深受儒家思想的影响，“百善孝为先”，

① 王德兰，等编. 邗江王氏五修宗谱. 1917.

因此，他对父母非常孝顺、敬重。当年王朝聘在衡山当私塾先生，其母范老孺人身染重病，为不影响儿子事业，范母一直不准家人把自身情况告诉儿子。后范母二儿子王廷聘见母亲病情加重，才偷偷写信告诉了大哥。王朝聘接到弟弟的信时，已是夜幕降临。他阅信后，心急如焚，顾不上夜黑路远，顾不得自己从未有过骑马的经历和技巧，就向别人借了一匹骏马，打着火把，从衡山急驰衡阳。这一路的颠簸、恐惧、担心全被一腔浓浓的孝意所取代。他有如神助地平安赶回了家，泣拜在母亲面前，以尽一个儿子的孝心。王朝聘不但对自己的双亲至孝至纯，而且对自己的恩师伍定相也是一样敬重有加。他的老师伍定相在年迈多病之际，是他在病床前尽心尽力地照顾，直至恩师去世。俗话说“久病无孝子”，更何况是一个与自己没有血缘关系的人，却能做到不离不弃、尽心尽力，实在是不简单，这是“孝”的最好写照！显然，孝是德的重要内容和载体，王船山的父亲笃孝就是其内心品德高尚的具体表现。

王朝聘品质二：重义。王朝聘秉承了父亲王惟敬的“义”字品性，生性重情重义，是一位“性情中”的洒脱者。1644 年，当地发生了农民起义的事件，后被明朝当局镇压。在战场中，农民军的尸体漫山遍野，无人收拾。王朝聘不忍心看到这种动物撕咬、吞噬尸体的乱象，虽然死者皆为“乱军”，但人本质都是一样的——死者为大。因此，他不顾“通匪”嫌疑，到南岳各庙宇募捐，请求“心怀仁慈”的僧侣们帮助自己把这些散发恶臭的尸体就土掩埋，并给这些亡灵做一场集体道场，让他们的灵魂得到安息。这种大情大义，不是一般人所能做到的，它需要有仁慈胸怀、睿智头脑、担当精神才能做到。此外，王朝聘在做私塾先生时，也是“义”字当头，好评如潮。古时学生发蒙读书，除了要缴纳学费外，还要交“拜师礼”，也就是学生第一次面对先生时，行跪拜礼，并奉上一个“红包”作为见面礼。而王朝聘对于那些家境较困难的学生，一律免收所谓“拜师礼”。到了交学费时，如哪家一时拿不出来，也绝不强要，而是哈哈一笑：“先记着吧！”父亲这种轻财重义的处事风格，深深地影响、感染着王船山。

王朝聘品质三：节高。王朝聘一生气节高尚，从不收受分外之财物。他的老师伍定相，病重弥留之际，因王朝聘悉心照料之故，想把自己的藏书一万多卷留给学生，可王朝聘宁愿背负“有负先生”的罪名，也坚决请辞，说："吾宁负先生治命，不能受仲宣之托也。"[①] 明万历年间，官场混乱，王朝聘在京师候补，不愿意与其他人一样去"拜码头""走夜路"。他说："积薪何常之有，我应此小用者何意，无亦聊与优游，而以悻悻去哉？"[②] 后又说："无所辱公嘉惠。某有田可耕，有子可教，终不敢欺天，以暮夜金搏一官。"[③] 由此可见其罢官拒贿的高贵品质。崇祯年间，张献忠攻陷衡阳城，因王船山兄弟声名在外，张献忠想拉拢兄弟二人为自己做事，可找不到王船山兄弟（兄弟二人早跑了，不愿意为乱臣贼子服务），于是派人把王朝聘抓来，以此要挟王氏兄弟。可王朝聘视死如归，不与张献忠合作，并说："安能以七十老人俯仰求活！"其忠于朝廷的信仰何等坚定，其忠于大义的气节何等高贵！王船山的民族情结难道不是深受其父的影响吗？对于这样一位节高的老人，难道我们不可以说他是一位道德高尚的坚守者、传承者吗？

综上所述，船山一脉，其先祖因武发家，都注重忠义传家、坦荡为人，忠介廉洁，刚直不阿。虽是功勋之家，世袭高级武官，门第显赫，但没有骄奢淫逸之风，没有出过纨绔子弟，更没有违法犯科之人。因此，从始祖王仲一，到王船山父亲王朝聘，由军功世家过渡为书香门第，人才代代出。历代王氏先祖，都以传统儒家文化为本，忠君爱国，孝悌传家，家教甚严，不做纨绔子弟。他们在战争年代，以武立身，建功立业；在和平时代，则研习经典，耕读持家；做官的，清廉为官，刚正为怀；不做官的，重义本分，勤俭持家，重视教育，以德化人。因此，王氏家族延绵、繁衍近300年，代代兴旺，成为当时衡州府名副其实的第一大户，打破了"富不过三代"的说法。

---

① 王德兰，等编．邗江王氏五修宗谱．1917.

② 王德兰，等编．邗江王氏五修宗谱．1917.

③ 王德兰，等编．邗江王氏五修宗谱．1917.

第二节　船山父母行状注释及评析

一、《显考武夷府君行状》①

家世自太原受族以来，中衰无传，溯先君子而上，十世祖骁骑公讳仲一，始可系述。骁骑公为直隶扬州府高邮州人，元末起兵，从高皇帝[1]定中原，参功授世秩。骁骑公配冯宜人，生轻车公讳全，以靖难功，擢怀远将军轻车都尉，世衡州卫指挥同知，遂籍于衡。配朱淑人，生嗣轻车公讳成。配崔淑人，生嗣轻车公讳能，咸以忠勤世其令绪。配刘淑人，生护军公讳纲，别号毅庵。忠勋益懋，奉命采木西川，建南岳神祠，恪脊底成，详《商文毅公辂碑记》。从都御史秦公金讨郴桂峒贼，为中路总统，拔贼砦，荡平之，详皇明世法录。累功晋骠骑将军上护军，历江西都指挥使。公配崔夫人，生上轻车公讳震，别号东齐，掌衙事，戎兵克诘，尤笃志经术理学。时庄定山先生昶谪官湖南，公与讲性命之旨，雩坛唱和，见《定山集》中。累迁昭武将军上轻车都尉，历柳庆参将。恩绥威镇，峒蛮戢服，家世以武功显，束修文教，弦诵不衰，则自公始也。公元配常恭人，生上嗣公讳翰，字直卿，为定山门人，补郡文学，已乃拜世轶，累官都指挥使。上轻车公次室郑太君，生一山府讳宁，配赵太君，生学博静峰公讳雍，惇笃不随世好，以文名著南楚。由岁荐授武冈州训导，迁江西南城教谕。配毛孺人，生少峰府君讳惟敬。崇志节，尚气谊，隐处自怡，出入咳笑皆有矩度，肃饬家范，用式闾里。配范太君，生子三。先君子居长。仲父牧石翁讳廷聘，字蔚仲，文名孝誉与先君子颉颃，晚退筑幽居，吟咏自适，诗绍黄初景龙，视公安竟陵蔑如也。季父子翼翁讳家聘。二叔父皆补郡文学。先君子讳朝聘，字逸生，一字修侯。以武夷为朱子会心之地，志游焉，以题书室，学者称武夷先生。

先君子早颖，夙成之质，不孝兄弟生也晚，不得见先生长者，详为称说。唯孝友天植，无间于族党之扬栩，抵今流传未艾。少峰公严威，一笑不假，小不惬意，则长跽终日，颜不霁不敢起。每烧灯独酌，令先君子隅

① 王庸梯，等编．邗江王氏六修族谱．1995.

座吮笔作文字，中夜夔夔无怠色。晨昏问起居[2]，疑立户外，不敢踽捆限，倾耳听謦咳平善，愉色蹑足而退，率以为恒。少峰公中年遘暴疾，素刚果，厌人喣妪，虽自知不起，而不欲以环绕悲号处生死，屏人独坐。既不获侍左右，则匿壁间私候，泣血不敢发声。迨及卒，抱持抢地，勺水不入口者三日，毁瘠骨立，成羸疾，迨耆耋不瘳。范太君有寒咳疾，按摩承涕唾，三十年如一日。永诀后，奉唾盂涎血，拥之而泣者数年。少峰公素不屑治家人产，及大故，囊不名一钱，先君子独力经营。至哀所感，诸具辏合，蜀材吴绵，隧甃丰碣，尽诚信而弗悔。太守李公焘嘉与，为表墓焉。范太君之没也，先君子方授徒衡山。病革，报者至，薄暮借一马驰归。素清羸，不闲控驭，所借马抑驽钝，且哭且驰，马忽惊，迅追风，三鼓已抵家。迨及属纩，尽力以营大事。一如少峰公，称贷既广，竭力以偿，凡十年未尝一饱食、一暖衣也。至孝为通国所称，不以一事一行表异，故亦无从详识。唯内从母氏，外闻之族长囟亚者，其略如此。不孝兄弟所及见者，岁时张大父母遗像，设几筵，日侍左侧，依依如孺子。或有诏语于子孙僮仆，皆下气怡声。及荐酒脯，泪盈于睫，每拜扫茔兆，必涕下沾衣，四十年一如新丧。与仲父牧石翁，白首欢笑如童年，每相对晏坐，神怡心泰，疾病忧患，一无变容。季父才性旷达，颇事嬉游，畏先君子如严父，而终不以辞色相诘诫。规正之意，寓于和怿，故闺庭雍穆，为阖郡师表。若先世所遗薄产顷余，取硗确而让甫田，尤不在先君子意中，不足记述者也。

先君子少从乡大儒伍学父先生定相受业，先生授徒殆百人，先君子为领袖。虽从事制义，而究极天性物理，斟酌古今，以发抒心得之实。试郡邑，为邑侯胡公所首拔。会胡公不善事上官，学使者惎之，故相诎抑。郡属九长吏合荐不得，胥为扼腕。明年，邑侯王公宗本廉知才望，三试皆特拔，乃补郡文学。蹑乔负笈，东走安成，北渡齐安，以质所学。归而下帷，经月不就枕席，两目皆赤。当万历中年，新学浸淫天下，割裂圣经，依傍释氏，附会良知之说。先君子独根极理要，宗濂洛正传[3]，以是七试乡闱不第。逮天启初，禅学渐革，而先君子年已迟暮矣。辛酉闱牍，为穆西溪先生昌期所赏拔，副考以触其私讳置乙榜，用恩列入北廱，乃罢举，而所授业先舅氏小酉谭公允都、节庵欧阳公瑾、贵阳丹邻马君之驯，先后登贤书。节庵公冠楚榜，丹邻以《春秋》冠其乡，陈大士大行称其学有渊源，皆先君子崇尚正学之教也。先君子食止一盂饭，饮酒不尽一盏，衣无绮縠，严寒不亲炉火，泊然无当世心。游历吴楚燕赵，不以衣裙拂贵介之门。同郡清卿陈公宗契零陵蒋公向荣，皆以德量推重，而报谒之外，无私造焉。大金吾骆都督思恭请引入纂修，坚辞不就。顾屡试有司，后以北雍上舍，授迪功郎散秩，无厌薄心，人皆不测。偶与仲父言："吾岂为是濡需者，念家世启戟，徒受儒术，少峰公所业不就，每自怏悒。冀得一命恩纶报泉壤，生不能为奉檄之喜，尚补夙心于百一耳。"言已，辄为泫然。及铨法大坏，非幸不得，谢病投组，耻循捷径，遽返林泉，则申命不孝兄弟曰："吾不能辱己，以邀一命报父母，汝兄弟若徼半绾，必不可使我受封，重吾不孝。若违命相縻，陷亲之罪，汝无逭于两间也。"[4]呜呼！天崩海涸，介之以青衫终老，夫之裹创从王而不逮覃恩之期，以此仰酬吾父之言，亦有自然凑泊，与吾父赫赫明明之遗志相吻合者乎！

先君子早问道于邹泗山先生，承东廓之传，以真知实践为学。当罗季之徒，纷纭树帜，独韬光退处，不立崖岸。衣冠时制，言动和易，自提诚意，为省察密用。闲居斗室，闭目端坐，寂然竟日，不闻音响，忧患沓至，啐容不改。大怒不叱，大喜不启齿而笑，则不孝兄弟自有识以来，日炙而莫窥其际者也。所受于学父先生者，天人理数财赋兵戎，罔不贯洽，而未尝一语及之。曾闻之舅惺献谭公，言与释憨山德清辨率性之旨，清为挫屈。夫之举以请问，微哂不答。凡洗心退藏，不欲暴见者类如此。不言之教，渊澄莫测，非但以不孝兄弟顽不若训，而故远之。凡接人弗问贤不肖，壹以静默温恭使自愧省。里中有无行青衿，干有司者，不敢以巾衫簉过衡门，必迂道往还。所授徒有行不类者，及谬持邪解者，终身不敢见。邻有宦家子仕州县，不戢其仆从，嚣陵市肆，闻先君子履声至门庑，则匿避恐后。后遂革而与闾里相安。晚岁谢病归里，以中捆为穹谷，郡邑长吏，闻风请见，皆称疾谢绝。

亲知后辈非以学业见，不得望见颜色。而迄今数十年来，语及先君子，无不追慕含戚。所以感通，固非不孝兄弟所可意度也。岁丙寅，大疫，学父先生及舅氏小酉公皆染疾不起，其家人子弟争匿避去，先君子独日夕躬省，不离床榻，执手以待瞑。尝遇盗于良乡，下马凝立，神色不变，盗为愕眙而去。张献忠陷衡州，句索不孝兄弟充伪吏，日投人水中。先君子为里魁胁执，出手书，戒不孝兄弟，言此自我义命，汝兄弟万勿以我故，荏苒作偷免计。至郡则易衣履，将投缳以坚不孝兄弟之志，会夫之所识黄冈奚鼎铉陷贼中，为保护得缓。夫之乃残肢体，出扶先君子逸去。逮丁亥病革，遗命以南岳莲花峰之麓，幽迥远人间，必葬我于此，勿载遗形过城市，与腥噪相涉[5]。盖于死生之际，毅然无所却顾类如此。素志不肖著书以近名。夫之稍与人上交游，以雕虫问世，每蒙诃责，谓躬行不逮而亟于尚口，孺子其穷矣。呜呼！奉若不恪守，既不能自立不朽，而家学载之空言者，且将无托。吾父之言，炯若神明，一至此乎！又尝谓子孙不能通六艺者，当令弱者习医，愚者习耕，不可令弄笔墨，以售其不肖[6]。吾宗籍衡十世，未尝有此，不幸而或然，血胤其危矣。此则屈高怀而下谋败类，不敢不敬述之，以诏后人者也。先君子所著文字，多自焚弃[7]，经乱以后，微言益绝，记忆规制，大概在孙月峰、冯具区之间，清和微至，非经生之业也。诗笔约仿储王，亦不恒作。兴至微哦，不以示人，夫之仅从卷尾见过《应山绝顶》一绝句，又于故笥中见与欧五德翁及释藏六支唱和一笺，及再寻诵，先君子已焚之矣。凡夫之所受命于介之，略为记忆者止此。其他鞠孤甥，收族众，矜容愚横，与夫一蔬寸缕不受非义之污，自游庠序，迄于归老，不以一牒尺刺入公门，不敢琐述以掩大德。而潜修密用，又非箴识所能阐发。情迫于三十余年，辞躬于一旦。

哀哉！先君子以隆庆庚午十二月朔日申时生，得年七十有八，永历丁亥年十一月十八日卯时，则不孝兄弟天崩地裂求死无从之时也。先配綦孺人，宁远教谕綦公文佳女，生长兄，未命名，夭。继配先孺人，谭公归时章女，生子三：长介之；次参之，弘光恩选贡生，先君子三月卒；次夫之。介之娶欧阳氏，思恩府同知炳子岁贡生珠女，生子一，敞，乙酉补邑文学，女一，适文学萧鸣南子式。参之娶蒋氏，文学大操女，生子二：敉、致，皆夭。夫之先娶陶氏处士万梧女，生子二，长勿药，夭，次攽。继娶郑氏，襄阳吏部尚书继之孙，文学仪珂女，生子一，敔，侧室女一，适文学李报琼子响明。敞先娶邹氏，生子一，生祁。继娶李氏，举人李孟韶孙，文学维翰女，生子一，生郊。女一，未字。攽娶刘氏，文学刘近鲁女，生子五：若、兹、苍、蓬、万，女二：长适兵部尚书刘尧诲嗣孙克谨子法忠；次适文学熊荣祀子时干。敔娶湘乡举人刘象贤女，生子一：范；女二：长许字邵阳文学罗圭子智大，次未字。生祁娶文学杜俊女，生子二：绵、续；女一，许字萧侨。若聘鄢县文学周士品女，范聘文学唐克恕女。先君子之封，在衡山县崇岳乡莲花峰下曾家湾，首艮趾坤。

坤谨泣血以状，岁在癸亥仲冬，不孝季男夫之状。

注释：

［1］高皇帝：此处应指明太祖朱元璋。

［2］晨昏问起居：过去的一种礼仪规定，即晚辈应在每天的清早（起床后）和夜晚（入睡前）到长辈处请安。这表明王船山家族良好的家风，孝悌传家。

［3］万历中年，新学浸淫天下，割裂圣经，依傍释氏，附会良知之说。先君子独根极理要，宗濂洛正传：是指在明朝中后期，陆王心学盛极一时、天下读书人都纷纷研习心学，不重视程朱理学，王朝聘却没有盲目跟风，而是旗帜鲜明地奉周濂溪、二程、朱熹一脉相承的理学为正宗，加以研习。展示了王朝聘坚持正学的学术修养。

［4］吾不能辱己，以邀一命报父母，汝兄弟若徼半绾，必不可使我受封，重吾不孝。若违命相縻，陷亲之罪，汝无逭于两间也：这是王朝聘对儿子介之、夫之等人的告诫，不希望他们做官。故王介之一生未做过官，终老山林，王船山虽在南明朝廷做了几天官，但他马上就回归家乡，隐居著述。不管后来清廷怎样邀请，王船山都拒绝了。

［5］遗命以南岳莲花峰之麓，幽迥远人间，必葬我于此，勿载遗形过城市，与腥噪相涉：这是王朝聘对后人的交代，要求死后葬于南岳莲花峰，不要葬于衡阳城边的王氏祖坟中，因为那里腥噪气重，暗示那里是清朝统治，他是大明遗民，就让他在这清净的莲花峰长眠吧。这集中表现了王朝聘高尚的大义精神。

［6］又尝谓子孙不能通六艺者，当令弱者习医，愚者习耕，不可令弄笔墨，以售其不肖：这是王朝聘对子孙后代的要求，宁可习医、习农，也不希望他们习文为官。由其可知，王船山的《传家十四戒》是深受父亲和大哥的训诫而成的。

［7］先君子所著文字，多自焚弃：表明王朝聘研习《春秋》、理学，纯粹是为了弘扬国学，正风气，而不是为了求官，这是与“书中自有黄金屋”格格不入的，更显示了他可贵的人生价值观。

门下后学邵阳刘永治填讳

哀哉！不孝兄弟之罪通于天也。鲜民累耻之年，正故国天崩之日。伏念先君子履道之贞，表章无托，忍死穷山，属目靡骋，亦俟有日者，获从当世之君子游，以纪幽光，而待之三十七年矣。昔之孺子，今已衰朽，天不可回，人非我与，介之乃泣命夫之曰：“以介之幸而事亲，较夙也仿佛先君子可见、可知之应迹，视尔差详焉。而先君子尝以记序之学诏孺子，几可以言而不溢也。尔其如吾言以状。虽亡可告语，而函之幽谷，延望于身后，或有俟也。不然，吾与尔旦夕下拂，追悔其将何及！”夫之泣血首受命，谨状如右。而墓中片石，则犹翘首四顾，不忍绝望。阅四年，丙寅，介之复侍先君于幽壤。夫之歊孤衰老，痼疾弗赦于鬼神，终无可望于人间。乃戒介之之子敞，以愚朴略志而登之石。未几，敞以哭父死。戊辰冬，始藏志石于岳阡之隧前，石有定制，工无善巧，管窥既诎，约言益穷。唯兹一状，稍有伦次，附赘表末。倘泽不永斩，传于后嗣，尚知先世全生全归，以道传家者如此。虽德自不孝兄弟而衰，而战战栗栗，日恐陷坠，固先君子明昭型戒，临愚昧以鞭挞其蹇驽也。

己巳孟秋上弦夫之手录，时年七十有一

评析：

这是王朝聘的学生邵阳人刘永治，在看到王船山为父亲写的行状后，有感而发续写的一段文字，追忆好师长、好兄弟王朝聘——全生全归，以道传家，临愚昧以鞭挞其蹇驽。由此更突出了王朝聘的高贵品质。

通过上述行状，我们可以清晰地看到王船山父亲王朝聘一生高洁，有大义，有追求，坚持正学，孝悌传家。所谓高洁，表现在他出仕之时不巴结、贿赂高官，能当则当，不能当也无所谓，绝不做买官、贿官的勾当。对于钱财，不贪不占，老师临终前的馈赠，他也坚决不受。所谓大义，心中始终装着民族大义，告诫后人习医、务农，也不要习文为官，死后宁愿不葬祖坟，也要远离满是乌烟瘴气的“人间”，长眠于清净的南岳莲花峰。有追求，就是一生专习《春秋》、理学正学，读书为了穷理、致志、正家学，而非入仕做官。王船山许多品质就是受父亲潜移默化的教育所致。

二、《显妣谭太孺人行状》①

不孝夫之既受命于介之，述先君子状，遂状先妣谭太孺人。哀哉！先君子几筵方彻，太孺人遽罹终天之惨毒，抑三十四年矣。不忠不孝之兄弟，偷活人间，弗能率迪慈训，以处一死，而厚载之恩，有心未泯，何能自昧邪？先君子以德威行弘慈，而粹养简靖，尚不言之教。虽不孝兄弟之顽愚，不能默喻，终不征色发声，以施挞戒，每有颠覆违道之行，但正容不语。侍立经旬，不垂眄睐。不孝兄弟怅罔，莫知咎所自获，刊心欲改，而不识所从。太孺人乃探先君子之志，而戒不孝兄弟以意之未先，志之未承也；详挞其动之即咎，复之终述，而祸至之亡日也；申之以长敖，从欲之不可终日，而不勤则匮之，必仆以陨也，发隐慝以针砭之，而述先君子之暗修，以昭涤其昏曶[1]，既危责之，抑涕泗将之，然后终之以笑语而慰安之。

呜呼！吾父如油云在天，而吾母承之以敷甘雨。然而伊蒿伊蔚[2]，终为枯槁，则不孝兄弟之负吾母，尤甚于负吾父也。如是者，不孝兄弟胥有之，而不肖夫之早岁之破辕毁犁[3]也为弥甚，劳吾母之忧也为弥笃。至于今老矣，追数生平，须眉空负，犹然一十姓百家之蚩氓，啄粒栖枝之生类，不亡以待尽也[4]，何敢复述慈范哉！虽然，懿则昭垂在宗族姻党者，人不忍忘，固不以为蒿为蔚者之弗克负荷而掩令德，姑衔恤以略述焉。

凡太孺人之事舅姑也，不孝兄弟俱不及见，但闻太孺人之以身教子妇，承事先君子，亦当严侍之日，祁寒不熵火，畏烟之出于牖隙也；盛暑不扑蚊，畏箑声之遥闻也[5]；涤器不漱水，引濡巾而拭之；猫犬扰不敢迫逐，拥袂而遣之。每一语及，夔夔竦立，对子妇如为子妇时。及述范太君疾痛倾背[6]，则泪盈于睫，不异初丧。以此测太孺人当年爱敬之深，知非涯量可穷，哀我生之晚，不及详见耳。佐先君子之襄大事也，太孺人自不忍言之，无敢问者。但家徒壁立，时先君子勤素业，慎交游，薄田不饘粥，而慎终之厚，倍蓰素封，称贷繁猥，一皆酬偿。斥衣补，销簪珥，固不待言[7]，抑数米指薪，甘荼如饴，以成先君子之孝，又不俟有缕言之者而后知矣。不孝兄弟所见者，先君子十年燕赵，娶子妇，构堂室，终不孝

---

① 王庸梯，等编．邗江王氏六修族谱．1995.

兄弟读书之事；且润及宗姻，无乾糇之失，类出于太孺人之撙节，则襄大事时，心专力竭，宵旦不遑，从可知已。叔母吴太恭人，长太孺人二岁，互相敬爱者，四十年如一日。迨既异居，经月不相见，则皇皇讯问不绝[8]。每促席对语，呴呴如两新妇。从兄玉之，年逾四十，谢诸生，拜世官，冠带入省，犹手酒浆相劳苦，如抚童稚。季父子翼翁，早未有子嗣，置侧室，或颇轻之，太儒人礼待之如姒娣，曰："令叔氏有子，母即贵矣。"姑母适范氏，早寡，守志孀居，鞠其子女，恩逾己生，为毕昏嫁。至教子妇以宽，畜僮婢以慈，诃叱绝于口，荆笞绝于手，而自然整肃，莫敢亵起。及今念之，不孝兄弟在膝下时，如生时雍之世，春风一庭，灵雨四润，不知三十年来堕此烟霾中，遂成昨梦也。哀哉！不可复追矣。

前母外王父学博綦公，晚年尚未有子，太孺人承事敦笃，不异所生[9]。綦公垂没，待太孺人而瞑。叔祖太素翁，罢诸生，落拓无胤嗣，叔祖母朱，井臼不给。太孺人迎养敬事，怡然终老。盖推事父母者以事綦公，推事舅姑者以事太素翁，诚至而礼洽，亦不自知其厚也。不孝兄弟逅皇天之厄，癸未丁亥，婴勾索之酷。戊子己丑，夫之愚不自量，思以颈血溅干净土，屡贻母以不测之忧。介之奉母匿草间，茹无盐豉，病无医药，层冰破屋之下，极衰年不可忍之苦，而一意奖砺，俾全蜂蚁之节，怡然顺受[10]。唯以天倾莫补，人溺无援，邑菀终日，以至于不起。夫之间关岭表，不得奉临终之训，遗命介之，更无余语，唯归葬先君子岳阡之右，远离城市秽土，协先君子清泉白石之志而已。哀哉！在吾母心安志遂，倏然顺命，而不孝夫之通天之罪，固百死而莫赎也。

谭宗故籍茶陵，移于衡阳之重江乡，世为甲族。外曾祖乐亭公讳世儒，外王父念公讳时章，以隐德世修儒业。外王母欧阳氏，赠奉直大夫和之女，年九十三乃卒。舅氏三，长惺敧公讳允阜，以积学老于场屋。次小酉公讳允都，从先君子学，中天启甲子科乡试。乙丑会试，以闱牍触阉党，置乙榜。次玉卿公讳允琳，补郡文学，笃孝养母，国亡后弃诸生不就试。从母适文学伍公一盈，遇乱骂贼不屈死，详郡志。子妇具先君子状中。太孺人生以万历丁丑闰八月二十二日寅时，得寿七十有四。永历庚寅八月初二巳时，介之奉讳于祁阳山中，其明年合祔于先君子之右。

岁在癸亥季冬月，不孝男王夫之泣血状。

己巳孟秋，夫之手录。凡我子孙，非甚不肖，尚谨藏之。

注释：

［1］昏曶：“曶”，同“昒”，拂晓。昏曶：早晚。

［2］伊蔚伊蒿：语出《小雅·蓼莪》“蓼蓼者莪，匪莪伊蒿。哀哀父母，生我劬劳。蓼蓼者莪，匪莪伊蔚。哀哀父母，生我劳瘁”，比喻自恨不如抱娘蒿（喻人成材且孝顺），而是散生的蒿、蔚（喻不成材且不能尽孝），由此而联想到父母的劬劳、劳瘁。王船山有感于此，借以自责不成材又不能终养尽孝。把一个孝子不能行“孝”的悲痛之情呈现出来。

［3］破辕毁犁：比喻把事情搞糟了。

［4］犹然一十姓百家之蚩氓，啄粒栖枝之生类，不亡以待尽也：此处表达了王船山内心充满“偷活人间”“有负母亲”的愧疚情感。

［5］祁寒不炳火，畏烟之出于牖隙也；盛暑不扑蚊，畏箑声之遥闻也：表明王船山母亲事亲孝顺，宁愿自己受苦，冬天再冷也不烤火，夏天再热也不扇风，以免惊扰公公，努力遵循公公的生活习性。

［6］疾痛倾背：由于疾病而亡。

［7］斥衣补，销簪珥，固不待言：说明王船山母亲持家有方，打理家事，井井有条。

［8］迨既异居，经月不相见，则皇皇讯问不绝：王船山阐述母亲待妯娌的态度，关心有加，视如姐妹，情同手足。

［9］前母外王父学博綦公，晚年尚未有子，太孺人承事敦笃，不异所生：高度赞扬母亲可贵的品质，待已逝綦氏（王朝聘的前妻）的父亲如同自己的父亲，实属深明大义，令人敬佩。

［10］介之奉母匿草间，茹无盐豉，病无医药，层冰破屋之下，极衰年不可忍之苦，而一意奖砺，俾全蜂蚁之节，怡然顺受：此句高度赞扬母亲在极其恶劣的环境中，坦然面对苦难，彰显其不屈、无畏的节气。

评析：

王船山通过此行状，高度赞扬了母亲谭老孺人是一位典型的贤妻良母，对待公婆极尽孝心，对待丈夫尽心尽力，对待妯娌亲如姐妹，对待叔父亲于家人，对待毫无血缘关系的綦氏家人情义浓浓。由其可见，谭老孺人是一位大度、开明、贤惠、善良的妇女，而且她善于持家、教子有方。因此说，谭老孺人确实是一位好媳妇、好妻子、好嫂子、好母亲。王船山的成长，离不开这位好母亲的呵护与教育。

三、《武夷先生暨谭太孺人合葬岳阡墓志》①

有明征士武夷先生暨配谭太孺人，先后合葬于此。阅三十七年，冢子介之已卒。不孝季男夫之，年七十矣。遘屯永世，将拂蝼蚁，乃克志焉。前此几幸当世知道君子，拂拭幽光，而俯仰人间，无可希望，弗获已而质述大略。所望（□□□□□），侥来哲之鉴闵，尚无后艰，恃天在人中，不可泯也。先生姓王氏讳朝聘，字修侯。曾祖考一山公讳宁，上轻车都尉讳震之次子也。祖考静峰公讳雍，历任江西南城教谕。考少峰公讳惟敬，妣范孺人。谭孺人考念乐公讳时章，妣欧阳孺人。先生以隆庆庚午季冬月朔日诞生，卒以□□丁亥十一月望后三日。先生始终为明征士，遗命不以柩行城市[1]。方隐南岳潜圣峰下，即卜其麓以葬，孺人祔焉。先生尽道事亲，白首追思，犹动泣血。敦仁友弟，早龄同学，垂老不衰。于时三湘风化，胥重大伦，皆不言之教所孚也[2]。少从乡名儒伍学父先生受业。徒步游安成亭州，博访师友。已从泗山邹先生受圣学，奉诚意为宗，密藏而力行之。取与言笑，一谨于独知。发为文章，体道要以达微言，盖知者鲜也。天启辛酉以乙榜奉诏征入太学，无所屈合，投劾不仕[3]。抱道幽居，长吏歆仰，求见不得[4]。门人以文登楚黔贤书者五人。邑里被服静正之教，薄者敦，恣者敛，悍戾者柔[5]。谭太孺人以孝睦慈顺，赞成令模，内外蒸蒸焉[6]。孺人后先生三岁，□□庚寅仲秋月朔后一日卒，去诞生岁万历丁丑闰八月二十二日，凡七十四载。□□□□□□□，而姻娅乡国传闻，钦慕先生、孺人之泽，视不孝夫之有加焉。生子三：长介之，明孝廉，岁在丙寅卒，人士谥为贞献先生；次参之，选贡生，早卒；次则不孝夫之也。嗣学不明，守死不笃，令闻永谢，仅保孤封于此岳阜，尚宜为天所愍，为人所式，永固幽藏，与山终古。不敢系铭，泣述梗略如右。

注释：

[1] 先生始终为明征士，遗命不以柩行城市：王朝聘始终认定自己为大明征士，告诫后人死后葬于南岳莲花峰，不葬在衡州城郊的王氏祖坟中。此处突出了王朝聘忠君爱国的品行，这也深深影响着王船山的一生。

[2] 于时三湘风化，胥重大伦，皆不言之教所孚也：当时的湖湘大

① 王德兰，等编．邗江王氏五修宗谱．1917.

地，民风淳朴，这都是重视伦理道德自然得来的，而不是教育这么简单使人信服的。

[3] 天启辛酉以乙榜奉诏征入太学，无所屈合，投劾不仕：天启辛酉年（1621）王朝聘入选太学士，因为当时官场风气不正，需要行礼贿赂才能提拔为官，但王朝聘拒绝行贿，不向坏风气低头，因此他愤然回到家乡，失去了做官的机会。这表现了王朝聘孤傲高洁的品质。

[4] 抱道幽居，长吏歆仰，求见不得：歆，古指祭祀时鬼神享受祭品的香气。此句是指王朝聘隐居乡间，心怀大义。那些地位较高的官吏极为敬仰，想拜访他都很难，一概遭到拒绝。这也是王朝聘孤傲高洁的最好表现。

[5] 邑里被服静正之教，薄者敦，恣者敛，悍戾者柔：这是形容王朝聘在乡间的影响力之大。在他的影响下，刻薄者变得宅心仁厚，浪荡者也慢慢有所收敛，凶恶者也变得温顺一些了，民风大有好转。

[6] 谭太孺人以孝睦慈顺，赞成令模，内外蒸蒸焉：这是赞扬王船山母亲谭太孺人品性端庄，懿德感人，深得家庭内外亲友敬佩。在她的打理下，王家内外都很兴旺繁荣。

评析：

王船山在此墓志铭中，简述了家族的传承，满含深情地追忆了父母的一生，切身感受到父母闪光的优秀品质，这正是“仁、义、礼、智、信、忠、孝、悌、廉、耻”等中华几千年来的正统思想的具体表现。王船山生长在这样一个中华优秀传统文化浸润的家庭中，时时刻刻受到这些优秀传统文化基因的影响和熏陶，使他从小就烙印了“忠”“孝”“礼”“义”“信”的正统思想，并伴随他的一生：感恩父母，王船山为父母做的行状，就是缅怀父母的辛苦历程，表达对他们的深切怀念，以报答他们的养育之情；感恩明朝，感谢朝廷几百年来对王氏家族的恩赐，皇恩浩荡，促使王船山终生只认定这个朝代。所以说，良好的家庭教育，铺就了王船山人生的轨迹，这为船山家风的形成打下了坚实的基础。

第三节 《石崖先生传略》① 注释及评析

吾兄之先我而逝也，意者其留夫之之死，以述兄之行欤？不然，何辜于天而使茕子荼毒之至此极也！兄遗命以状属孤侄敔[1]而俾夫之润色。乃夫之有识而侍兄，先于敔者十余年，敔所未及知而夫之知之。患难流离，敔有时而不与，则有余地以听夫之之述。自顾衰病奄奄，血气尽而仅有心存，且惧心之日散而不可旦暮待[2]，故哀绪未宁而急于述。乃述吾兄之难也，所可言者，敔所未知者耳。过此则有不能言、不忍言、不欲言者，乃兄之所以为兄者在是[3]。而既不能不忍而不欲矣，其余固非兄之所以为兄者，而奚以言为？虽然，敔所未及知与所未与者，涕笑皆神之所行，逡巡皆气之所应，固可于此得吾兄□□□□[4]，共贯同条之精爽，请言其略焉。

吾先子之得兄也，年三十有七，先妣亦三十矣。惜兄甚，而兄幼端凝淡泊，食淡衣粗，更以为适。与两从兄[5]，自斗草骑竹，以至就外传，皆未尝一语失敬爱之度。依叔父牧石先生、叔母吴太恭人，无殊于父母。冠昏后，且生子授生徒矣，对叔父母未尝不以乳名答也。仲兄[6]稍长，同席受读，而仲兄病几瘘，兄调护扶掖，啮指以受针艾，仲兄赖以愈，而卒以文章名南楚，无一非兄曲意怡声[7]，亹亹[8]讲说以成之者。若夫之狂娱无度，而檠括[9]弛弓，闲勒逸马，夏楚[10]无虚旬，面命无虚日者，又不待言。昌、启间[11]，先君子征入北雍[12]，家仅壁立，兄于世故雅不欲涉，而戢志以支补者，唯下帷画粥[13]，敦孝友，为族党乡邻所推重，而家以宁。念先君子之留滞燕邸，苦寒善病，岁时晨夕，无欢笑之容。尝记庚午除夜，侍先妣拜影堂[14]后，独行步廊下，悲吟“长安一片月”之诗，宛转欷歔，流涕被面。夫之幼而愚，不知所谓，及后思之，孺慕之情同于思妇，当其必发，有不自知者存也。先妣有心痛疾，举发则弥旬不瘳，夫之既羸且惰，仲兄亦多病，扶掖按摩，寒暑昼夜局曲于牀褥间，十余夕不寐，两三日粒米不入口以为恒。凡事先妣三十余年，以掩覆夫之不孝莫赎之罪者[15]，皆兄慈云仁荫之恩也。

---

① 王德兰，等编. 邗江王氏五修宗谱. 1917.

兄为学笃敏，十六补弟子员，饩于庠者八年[16]。自万历末时文日变[17]，始承禅学之余，继以庄、列、管、韩之险涩，已乃效苏、曾而流于浮冗，迨后则齐、梁浮艳，益趋淫曼。兄独守家训，一以邓、黄、李、邹为典型，而□整雅，则直追夏官明、胡思泉之高躅，一时文章巨公[18]推赏者不绝，而杜门不一投谒[19]。在崇祯末，人士以声誉相高，腾竿牍、征秋课者遍海内[20]。兄一无所酬酢，暗然如岩穴之士[21]。尝怆然谓夫之曰："此汉季处士召祸之象也[22]。文章道丧，不十年而见矣。"己卯以乙榜诏入太学，时以六曹策士，隽者即授美除。同舍皆气矜竞猎，兄以父母老，亟请告归未允。诸同舍以旦夕释褐相留，兄尤憎其躁竞[23]，曰："吾焉能一日与奔骛者伍[24]！"遂拂衣不请而归。忆乡前辈欧阳正旸翁自北归，持兄家报，夫之往领焉。欧阳翁曰："伯兄无日不垂思亲之泪，吾诱之以弈，至三两局，则泪滴罫[25]中矣。"归而谢绝人事，授生徒以佐菽水[26]。郡守墨而酷[27]，诸绅士畏其威，其生日醵金为轴，欲制文祝之，屡以强兄，兄瞋目对众大言曰："不能恶恶如《巷伯》[28]，而更赋《缁衣》[29]乎？"众皆缩项，面无色，兄谈笑而去。壬午举于乡，录文呈御。计偕至南昌，楚中乱，遂同夫之归。是时观察全椒金公，念吾兄弟贫甚，欲为治北装。邑有劣而枭者，按法当死。公属意令饷吾兄弟千金活之，其人来恳，兄顾问夫之曰："何如？"夫之答曰："此固不可。"兄喜见于色曰："是吾心也。"或曰："千金不死于市，岂能必彼之不幸免乎？"兄又顾夫之微笑。夫之曰："吾安能令其必死，但不自我可耳。"兄曰："此人逸，他日祸延于乡党。虽然，吾谢吾疚而已。子言是也。"遂峻拒之。其人他请得释后，果一如兄言。凡兄之所以教夫之而相砥砺者如此类，不能毛举也。

张献忠[30]陷衡州，索绅士补伪吏。吾兄弟以父母衰，不能越疆[31]，望门无依，赖舅氏玉卿谭翁引匿南岳莲花峰下。贼购索益急。匍伏草舍中，兄忽亟向野人问黑沙潭之胜，欲往游。夫之不解兄意，曰："此岂游山时邪？"兄笑曰："今不游，更何待？子岂能不从我游乎？"已而私语夫之曰："更何处得一泓清净水，为我两人葬地邪？"当是时，夫之回眄，见兄目光出睫外如电，须发皆怒张。会日暮，家奴遽报先君子为逻者所得。兄闻之，欲出脱[32]先子，而沉湘以死。夫之知兄耿介严厉，出且与先子俱碎。夫之所旧与为文字交者黄冈奚鼎铉陷贼中，知吾兄弟必不可辱，曲意相脱。夫之乃剺面[33]刺腕，伪伤以出，而匿兄以死告[34]，先君子乃免。

夫之亦随宵遁。当夫之出时，兄藏绳衣内，待夫之信，即自尽。夫之既免先子而自免，乃不果死。然则栖迟荏苒，年逾八帙，而死于林峦之下，非兄志也，岂曰未尝受禄而遂可生哉？故其题座右曰："到老六经犹未了，及归一点不成灰。"[35] 自此以后迄于今，则所谓不能言、不忍言、不欲言也[36]。

不欲言者，天地之生人均也，我兄弟亦仅与人而为人也。贤且智，疏通而刚劲，倍蓰什百于我兄弟多矣。[37] 我兄弟所以自问者，非有殊绝不可及之事，而奈何沾沾以自言，且恐人之无或听也，则欲言而汗浃于背矣。不忍言者，使我兄弟前此而死，即幸而为士，又幸而食禄，亦与耕凿屠贩[38]之人不相为异。天之不吊，乃使我兄弟若有可言者，是幸天之异以自异也，而忍乎哉？不能言者，我兄弟之苟延视息，哽塞如逆风，而终老死于荒草寒烟之下。不知者以为窭[39]且贫，而不释热中之憾；即邀惠于知者，亦以为如是生，如是归，愚者之事毕矣。夫孰知我兄弟之戴眉含齿，抱余疚于泉台[40]也。故置吾兄于箕山吹瓢、桐江垂钓之间[41]，而兄不受，置吾兄于神武挂冠、华顶高眠之间[42]，而兄亦不受。悠悠苍天，荡荡黄垆[43]，抱愚忱以埋幽壤，吾兄第之志存焉。顾即兄遘愍[44]以前，恻悱天极，孤高岳立[45]，为夫之所侍函丈而习知者以仿佛之：性，一也；情，一也；勃然不中槁之气，一也；不纵步于康庄，自不冥趋于鶃鹍[46]，夫岂有二致哉！留夫之于衰病之余以述兄者，止此而已。投笔欷歔，知遗忘之尚多也。第三弟夫之撰。

注释：

［1］敞：王介之儿子，王船山侄子。

［2］血气尽而仅有心存，且惧心之日散而不可旦暮待：王船山担心自己年高体弱，不知哪天就会生命终结，所以要抓紧时间完成（为哥作行状）。

［3］过此则有不能言、不忍言、不欲言者，乃兄之所以为兄者在是：至于那些不能言、不忍言、不欲言者的事情，乃是作为兄长所应承担的事情，此处是赞扬作为兄长的王介之的担当精神。

［4］固可于此得吾兄□□□□：此处因无法辨认字迹，故用□□□□代替。

［5］两从兄：即王船山叔叔的儿子王玉之等人。

［6］仲兄：即王船山二哥王参之。

［7］曲意怡声：字面上意思是委屈自己，好听的声音。此处指王介之全心全意照顾、引导弟弟王参之，使其在文学方面有所建树，声名远扬。

［8］亹亹：勤勉不倦的样子。

［9］檠括：约束矫正。

［10］夏楚：夏，同“榎”。楚，荆条。《礼记学记》中有“夏楚二物，收其威也”的句子，“夏楚”就是教师使用的教鞭，是用来警惕鞭策学生，达到整肃威仪的效果的。后泛指体罚学童的工具，多用于对未成年者。

［11］昌、启间：指明朝泰昌年间（1620 年 8 月 28 日—1620 年 9 月 26 日）、天启年间（1621—1627）。

［12］北雍：（明代北京国子监）一般指国子监（北京国子监），位于北京市东城区国子监街（明、清时称成贤街）15 号，与孔庙相邻，始建于元至元二十四年（1287）。明朝时期行使双京制，在南京和北京分别都设有国子监，北京国子监又称为“北监”或“北雍”。国子监是元、明、清时期国家设立的最高学府（太学）和管理教育的行政机构，是中国唯一保存完整的古代最高学府校址，整体建筑坐北朝南，为三进院落，占地面积超过 27000 平方米。

［13］下帷画粥：源见“目不窥园”及“断齑画粥”。下帷，指放下室内悬挂的帷幕，意思指教书。画粥，范仲淹早年求学时曾寄居僧寺，贫困异常，每日“惟煮粟米二合作粥一器，经宿遂凝，以刀为四块，早晚取二块”。此处指王介之为了解决家中经济问题，就当起了教书先生，以接济家中开支，艰难度日。

［14］影堂：千佛堂西面为影堂，堂中塑有中国禅宗初祖菩提达摩像，而且挂有历代祖师的画像，每年春节、冬至时举行祭祀活动。

［15］凡事先妣三十余年，以掩覆夫之不孝莫赎之罪者：这是王船山自谦，以突出哥哥王介之对家庭作出的突出贡献。

［16］饩于庠者八年：饩，指赠送别人吃的。庠，古代称学校。由此可知，此句是指给王介之提供乡学的机会，时间长达 8 年。

［17］自万历末时文日变：是指当时的文风由尚理学变为崇禅学、心学。

[18] 巨公：大家、大师。

[19] 而杜门不一投谒：这是表明王介之不巴结权贵，赞扬其不同于俗人的可贵品质。

[20] 人士以声誉相高，腾竿牍、征秋课者遍海内：竿牍，书札。征秋课，科举时代，士人习举业的课卷。此句意思是当时的读书人以学子间互相交流、互相吹捧为荣。

[21] 岩穴之士：意思是指隐士，古时隐士多山居。出自《韩非子·外储说左上》。

[22] 此汉季处士召祸之象也：汉桓帝、汉灵帝在位前后，主上荒暗，政治昏乱，于是在野知识人发出反抗声音，出现“匹夫抗愤，处士横议”的情形。他们激扬名声，互相题拂，品核公卿大臣，裁量执政贵族，刚直不阿的品格，由此得以风行于世。在汉末社会的激烈动荡中，处士作为“党人”的对照，与激进的“党人”不同，“处士”对政治取全面回避的态度，坚守平民立场，以纯正的在野方式始终保持和执政者的距离，始终不与当权者合作，不为最高执政集团服务，表现出“崛然独立”的风格。

[23] 诸同舍以旦夕释褐相留，兄尤憎其躁竞：这是赞扬王介之弃功名的决心，表明他不愿意与人争名夺利。

[24] 吾焉能一日与奔骛者伍：我怎能与那些追名逐利的人为伍呢？这样的日子我一天也过不下去了。表明了王介之视名利如粪土。

[25] 罫：指围棋上的方格子。

[26] 菽水：豆与水。指所食唯豆和水，形容生活清苦。

[27] 郡守墨而酷：意指郡守心黑而且贪婪、冷酷。

[28]《巷伯》：《诗经》中的一首诗。此诗是一首政治抒愤诗，作者被谗言陷害，作诗以发泄满腔的怨愤。此诗把巧言善辩、搬弄是非的谗人形象刻画得惟妙惟肖，对害人者进行了无情的诅咒，对小人得志、好人受诬的不合理社会现象表示了强烈的不满。

[29]《缁衣》：为《诗·郑风》的第一首诗歌。与其说这是一首描写国君与臣下关系的诗，还不如说这是一首写家庭亲情的诗，因为它表现了一种家人之间温馨关切的亲爱之情。

[30] 张献忠：（1606 年 9 月 18 日—1647 年 1 月 2 日），字秉忠，号敬轩，外号黄虎，陕西延安府庆阳卫定边县（今陕西定边县）人。明朝末

年农民军领袖，与李自成齐名，大西政权的建立者。崇祯十六年（1643），带兵攻占了岳州、长沙、衡州等地。

［31］越疆：此处指远走他乡（躲避张部纠缠）之意。

［32］出脱：多义词，此处应是“更换”“替换”之意。

［33］剺面：以刀划面。古代匈奴、回鹘等族遇大忧大丧，则划面以表示悲戚。亦用以表示诚心和决心。

［34］而匿兄以死告：把王介之藏起来，并对外宣称其已死亡（蒙蔽张部）。

［35］到老六经犹未了，及归一点不成灰：这是王介之的座右铭，表示他一生为挽救明朝的倾覆而出生入死、奔走呼号，竭尽了自己全部的心力，到老仍然是一事无成，只能用自己的笔来为六经大义做些事情，不至于无所事事，慢慢老去。

［36］自此以后迄于今，则所谓不能言、不忍言、不欲言也：不忍说的是，如果他们兄弟在明末大动乱中死去而成为明朝的烈士；或者在明朝当官食禄，那与一般的种田人、屠户、贩夫也没有什么差别。老天没有夺去他们的生命，使他们兄弟还有一点可以为人道说的地方，这是不幸中的万幸，哪里还忍言说呢？而不能对人说的是：他们不是苟且偷生，而是有深意存焉。不知道他们的人，以为他们是贫穷褴褛之人；对他们有所了解的人，认为他们这样生，这样死，作为故明遗老的事业就此终结了。充分表达了王介之、王夫之兄弟心怀天下的故国情怀。

［37］贤且智，疏通而刚劲，倍蓰什百于我兄弟多矣：这是王夫之的自谦。他认为，作为人的一般资质来说，他们兄弟与普通人并没有什么区别，世界上比他们兄弟贤德聪明的人不知道有多少。

［38］耕凿屠贩：指普通百姓。

［39］窭：贫穷。

［40］泉台：此处指墓穴或阴间之意。

［41］箕山吹瓢、桐江垂钓：箕山，地名，相传唐尧时著名隐士许由、巢父隐居的地方。瓢，盛水器。相传许由隐居箕山之下，颍水之阳，用手捧水喝，别人给他一瓢，他喝过水后挂在树上，风吹瓢鸣，嫌其烦，就把瓢扔了。桐江，即钱塘江流经桐庐县境内一段。此两句都是形容隐居不仕。

［42］神武挂冠、华顶高眠：指辞官隐居。

［43］荡荡黄垆：黄垆，形容广袤大地。

［44］遭愍：遭遇忧患，特指遭遇父母之丧。

［45］恻悱天极，孤高岳立：忧思抑郁、悲苦连天，但内心孤僻清傲。

［46］鼿甈：不安定，也作臬兀。

评析：

王介之（字石子，一字石崖，号耐园，又号铿斋），是王船山的长兄。王介之学识渊博、著述甚丰，比王船山年长13岁。王船山四岁开始与次兄王参之一道跟着长兄发蒙读书，受到了长兄无微不至的照顾与谆谆不倦的教诲，王介之在王船山心中起到了父亲、兄长、教师的三重作用。

王船山通过这篇传略，深情回顾了这段兄弟情谊，感人至深。首先，赞扬了大哥孝悌，照顾年老多病的母亲三十余年，毫无怨言；对待叔父叔母，恭敬有礼；对待兄弟，有情有义，毫无保留。如："仲兄病几痿，兄调护扶掖，啮指以受针艾，仲兄赖以愈，而卒以文章名南楚，无一非兄曲意怡声，亹亹讲说以成之者。若夫之狂娱无度，而檠括弛弓，闲勒逸马，夏楚无虚旬，面命无虚日者，又不待言。"其次，高度赞扬了大哥刚直有加，像父亲一样，不为"五斗米折腰"，不事权贵，对名利看得很淡，如："己卯以乙榜诏入太学，时以六曹策士，隽者即授美除。同舍皆气矜竞猎，兄以父母老，亟请告归未允。诸同舍以旦夕释褐相留，兄尤憎其躁竞，曰：'吾焉能一日与奔骛者伍！'"最后，中肯评价了大哥安贫乐道的风骨，如："故置吾兄于箕山吹瓢、桐江垂钓之间，而兄不受；置吾兄于神武挂冠、华顶高眠之间，而兄亦不受。悠悠苍天，荡荡黄垆，抱愚忱以埋幽壤，吾兄第之志存焉。顾即兄遘愍以前，恻悱天极，孤高岳立。"王介之的言行深深影响了王船山，他们兄弟二人在明末社会大动乱中劫后余生，忍辱负重，含辛茹苦，顽强生存，不倦写作，始终怀着一个坚贞不渝的信念——为着民族复兴的美好明天而创造、积累、储存着文化与精神的巨大财富！这篇传略，是王船山对其长兄王介之的高度评价与深切怀念，也是王船山一生伟大人格与精神追求的真实写照。

第二章　船山家族家训资料注释及评析

第一节　《传家十四戒》[①]注释及评析

1. 勿作赘婿；
2. 勿以子女出继异姓及为僧道；
3. 勿嫁女受财，或丧子嫁妇，尤不可受一丝；
4. 勿听鬻术人改葬；
5. 勿作吏胥；
6. 勿与胥吏为婚姻；
7. 勿为讼者作证佐；
8. 勿为人作呈诉及作歇保；
9. 勿为乡团之魁；
10. 勿作屠人、厨人及鬻酒食；
11. 勿挟火枪弩网罗禽兽；
12. 勿习拳勇咒术；
13. 勿作师巫及鼓吹人；
14. 勿立坛祀山跳神。

能士者士，其次医，次则农、工、商贾，各惟其力与其时。吾不敢望复古人之风矩，但得似启、祯间稍有耻者足矣。凡此所戒，皆吾祖、父所深鄙者。若饮博狂荡，自是不幸而生此败类，无如之何，然其由来皆自不守此戒，丧其恻隐、羞恶之心始。吾言之，吾子孙未必能戒之，抑或听妇言、交匪类而为之。乃家之绝续在此，故不容已于言。后有贤者，引伸以

① 王庸梯，等编．邗江王氏六修族谱．1995.

立训范，尤所望而不可必者，守此亦可以不绝吾世矣。

丙寅季夏 姜斋老人书　授长子攽

坚失此纸如捐吾骴骼

译文：

《传家十四戒》是已经68岁高龄的王船山根据自己几十年的经历，总结出“十四戒”传授给长子王攽，要求其后人坚守，学界称之为“传家十四戒”。其“十四戒”对应翻译成白话译文：

1. 不要做上门女婿；

2. 子女不要给异姓人做继子、继女，更不能做和尚、道士；

3. 嫁女不收彩礼，尤其是丧子后媳妇改嫁，更不能收取一丝一毫；

4. 不要轻易听信那些以卜筮、看风水、推命理、占梦解梦等各种迷信活动为生的人来随意改变出葬时间或墓地地址；

5. 不要从事政府部门的行政事务；

6. 不要与政府部门的公职人员结亲；

7. 不要为打官司的人作证人；

8. 不要给人写状子或者作担保人；

9. 不要做掌领乡居军户（检查户口，劝课农桑）的头领；

10. 不做屠夫、厨师，不卖饮食和酒水；

11. 不拿枪、箭等凶器网罗禽兽；

12. 不要做练家子和标榜自己可以感通天帝、役使鬼神，达到除邪消灾、逢凶化吉的骗子；

13. 不要做巫师或者在婚、丧礼中吹奏乐器的人；

14. 不要装神弄鬼祭山敬神。

评析：

王船山撰写的“十四戒”具有鲜明的时代局限性，这是王船山根据当时的社会现实总结出来的，主要是从职业选择以及做人准则的角度来要求的。

以今天发展的眼光来看，《传家十四戒》有的观点是对的，有的已经过时，例如第一条“勿作赘婿”，如果男女双方愿意、觉得幸福，就不应该存在所谓的“不做上门女婿”。另外，从职业选择方面来看的，《传家十四戒》就有很多地方需要斟酌了，比如“勿为讼者作证佐”“勿为人作呈诉及作歇保”等，那就要看是为什么人“作证佐”“作歇保”了，如果是为受害的弱者做证人，为需要帮助的亲友做担保，这是见义勇为、扶贫济困的好事，为什么不可以呢？“勿作屠人、厨人及鬻酒食”明显带有职业歧视的偏见。其他如“勿以子女出继异姓及为僧道”“勿听鬻术人改葬”“勿习拳勇咒术”“勿作师巫及鼓吹人”“勿立坛祀山跳神”等，均包含有反对宗教迷信的思想，充满着唯物主义无神论的光辉，但现在提倡宗教信仰自由，这就需要看个人的选择。至于“勿作吏胥”“勿与胥吏为婚姻”“勿为乡团之魁”等戒条，已经完全不对了。当时王船山的出发点可能是不与为非作歹、欺压百姓的贪官污吏、土豪劣绅为伍，有一定的正确性，但现在这样的工作已经属于公务员行业，并不是想从事就能从事的工作了。此外，王船山对子孙后代如何择业、如何为人处世，进一步提出了明确要求：“能士者士，其次医，次则农、工、商贾，各惟其力与其时。吾不敢望复古人之风矩，但得似启、祯间稍有耻者足矣。凡此所戒，皆吾祖、父所深鄙者。若饮博狂荡，自是不幸而生此败类，无如之何，然其由来皆自不守此戒，丧其恻隐、羞恶之心始。吾言之，吾子孙未必能戒之，抑或听妇言、交匪类而为之。乃家之绝续在此，故不容已于言。后有贤者，引伸以立训范，尤所望而不可必者，守此亦可以不绝吾世矣。”《传家十四戒》是王船山站在当时的社会现实来告诫子孙后代的，有其局限性，但出发点是对的。他要求子孙后代要做正直、本分的老实人，诚实守信、与人为善，不贪财、不信佛，不做浪荡之徒。这是他对子孙后代的起码道德要求。他把后代能否遵守这“十四戒”看作是王氏家族绝续兴衰的关键所在：“乃家之绝续在此”“守此亦可以不绝吾世矣”，可谓用心良苦。

据《邗江王氏五修宗谱》可知，从王船山所处年代到20世纪30年代的近300年来，登记在宗谱的王氏后人成百上千，这中间以教书、行医、做生意谋生的不过数十人，当官的几乎没有，绝大部分是务农的农民，且大多数人的家境比较贫寒，巨富大贾者寥寥无几。据衡阳县诗词学会会长周新铭介绍，目前，生活在衡阳县的船山后裔约有420人，主要分布在曲兰镇和界牌镇，百分之八十的人是以务农为生。由此可见，《传家十四戒》对王氏后裔影响很大，绝大部分能按照祖训以勤劳为本，做一个实实在在的农民，遵纪守法，不做歹人和恶人，只求平平安安。

第二节 《耐园家训》① 注释及评析

居家通礼

一、称谓

礼乐之兴，肇于正名、恭敬之心，自此生慈爱之情，自此笃故，不可不著，为画一之式也。

高、曾祖父母，祖父母，父母，时称允当，无容异论。伯叔高、曾祖父母，祖父母，从其高、曾祖父母，祖父母之称，加以行，亦惬。伯父称某爷，伯母称某娘。叔父年长者，称某爷，年幼于侄者，称某叔（俱从行）。叔母称娘、称婶，亦以叔年长幼为差，盖于重分之中，微存尚齿，亦古昔燕毛[1]之义。妇人从夫，礼也。兄称某哥，嫂称某嫂，允矣。弟未冠，呼名，冠则称行、称弟。弟妇称某弟妇（从行从氏俱可），不得称媳，盖妇取夫妇之义，称之从实也。谓弟妇为媳，谓兄嫂为母，可乎？《戴礼》辨矣而未衷。子，孙，曾、玄孙俱呼名，媳，孙媳，曾、玄孙媳俱呼媳（从氏），尊无二上也。侄未冠，呼名，冠则称某侄（以行）。侄妇称媳，可也，以侄有犹子之义。侄孙，侄曾、玄孙，虽冠亦名，厥分甚尊，齿所不敌也。唯命官称字，有尊王尚爵之义。若有书信相及，兄弟暨卑幼称分称名，尊长称行称分。祖父母、父母、伯父及年高叔父之前，或问疾于床，或夜至前问，为谁俱自称名，不得称我。

二、仪节

称谓既正，仪节欲肃。一门之内，尊卑长幼，无侮无拂，秩秩雍雍[2]，百祥生焉。

凡卑幼见尊长，虽燕居必作，尊长就座乃坐。岁时拜贺及生辰吉庆之类，俱必四拜四兴，不得有简。行叩头礼，高、曾祖父母，祖父母，父母西面立受答揖，揖无不答也。伯叔高、曾祖、伯叔祖侧立受，伯父及叔父年长者，侧立受二拜、扶二拜。叔幼于侄者，侧立，初拜即扶之，既兴仍向上三揖，以存四拜之意。兄平立，答二拜，受二拜，若弟年登六十以上，三揖免拜，优高年也。位之左右，则以宾主为分，伯叔母扶之，年少

① 王德兰，等编．邗江王氏五修宗谱．1917.

于侄者，辞之斯起。伯叔高、曾祖母，伯叔祖母，稍扶之终受。以上称谓仪节，行于五服[3]。再从、三从俱同。若族中有寿跻高祖，行者不分远近，亲属无不立受。见兄嫂，初见答拜，岁时再揖，口称不敢拜。弟妇、侄妇见，视弟、侄礼，凡卑幼之妇，咸视其夫。女子、子孙侄、侄孙未嫁，同男，嫁则以客礼扶之，女婿、外甥扶外孙受之，可也。

若尊长冠婚、游泮[4]，卑幼拜贺，辞之以吉，在己且正，备子弟之职，不得受拜也。若拜官，则可受贺矣。若子孙有置妾者，生子无嫡庶之异。而齐家严，妻妾之伦，务使情安理得，而家道成焉。凡妾见家长，正妻及家长之父母，俱四拜，立受，岁时[5]、吉诞皆然。见尊长，初见四拜，立受，岁时免。见家长之卑幼，初见交拜，岁时则一揖一福而已。尊长称之曰某氏，卑幼者于初季称姐，及其生子，能启蒙，生女及笄[6]后，称某家娘，有母抱子贵之义。家长之子，礼同卑幼，维慈母、乳母得以情升。

三、班行

命名有班，伯仲有行，故一闻声，而尊卑长幼序焉。近世五服未绝，班行顿析，漫无统纪，甚至兄或称晚弟，或呼大班行，既乱恩礼，斯薄是以，君子慎其微也。

凡称行以五世为率。同高祖以下之兄弟，均以长幼列次，不得分房各序。若子孙繁盛，即以十一、二十一、三十一等呼之[7]，不必另立名目。

命名辈出，以序昭穆，合族皆然，而五服尤宜。亲洽双从，一字单从，偏旁不得任情析异，如有有故更名者，尊长仍以初名呼之，若有私亲须避者，亦必曲存其意。

四、冠礼

冠礼不行，为日久矣。所宜亟复，以端人事之始。顾余家世贫窭[8]，又值乱离，嗌宾、三加、房帏赞之仪，时有难尽，唯是卜期，告庙醮酒[9]，祝辞，亦所易行，合于生子十六岁以上，择吉日制士冠于中堂，陈设肃内外，亲朋有德望者为宾，莅之。届期主人告庙，冠者即席，宾为加服，致祝乃醮，冠者跪啐酒，兴，谢宾四拜，然后入谒家庙，出，拜尊长，宾乃字之，礼毕。量置酒款宾致庆，是犹存古道于什一者也。

五、婚礼

习俗锢人，婚礼特甚，而事渗两姓，厘正为艰，今取其所，可自由者议之。

百岁之缘，成于一诺。承先启后，达者慎之。缔姻之始，首择门第，次访家教，次察妇婿之性行，三者既惬，是宜允谐。勿趋势利，勿信推算，勿求神问卜。盖趋炎附羶[10]，徒失市道，兴替亦复何常，而星命妄诞，神告杳冥，从恐轻诺售欺，违或坐失好仇，慎勿自误，以误子女。六礼繁难，贫者艰于具举，惟是问名纳币，称家丰俭，而亲迎断不可废，妇家乐从，虽远亦必于其家，否则于所馆迎之。若嫁子，则必邀婿及门见庙，谅无不从。合卺[11]、庙见[12]，周宋之礼，尊严时有难遵，而俗用师巫鄙媟，杂遝已甚。姑取近世儒家所行之近雅者从之：新妇入室后即位，妇婿东西向立，揭蒙头，交拜四礼，饮合卺、绾同心，择婿家宗族中之分卑而娴礼者赞之，然后引诣庙见，赞者读祝唱礼，随出□，见舅姑尊长，见期即于是晨，子妇同拜，从时可也。

嫁子结缡于门，礼也。今沿袭成俗，事重违众，而情亦难已，权宜母氏一人送之，不必多及旁亲，至叔、兄弟、侄，尤宜惜步，勿容杂嚣取憎。

六、丧礼

盖棺人事之终，送死子道之大，余夙有论定，亦既斟酌古今，平易近人，犹恐行于己者，未必达于后，兹再为节之言尔。

棺椑衣衾[13]，称家丰俭，浴含殓殡，子孙必亲、必慎，勿阴阳、禁忌，毋用僧道，荐拔灵位，铭旌务从大雅，一以家礼神主为式。

归土之期，大夫、士庶各有定制，事集即举，力有不逮，宁俭而速，毋迟而丰；勿出攒[14]，勿信堪舆邪说，强求善地。自古治日恒少，子孙隆替艰度，不得推延、久搁，以致暴露，居丧礼无外事。然今亦有不容忍者，子孙服内，恒出入不得释哀。有时上寿父母、祖父母及内外尊长，有诞辰吉庆，须奔命者，衣冠权用青缁帻履，仍本服，勿兴歌舞筵席，勿为人行冠礼。启蒙议媒、题主赞礼诸吉事，僧道既废，人子几无以为情，宜略仿会典、祭义，三朝、七七、百日，启柩、反虞、卒哭、期年、服阕[15]，及凡朔望[16]之期，因力厚薄，量设祭品，哭奠，尽哀以抒思念之情。或用牲，或酒肴、茶、果俱可。若力优则闲，一致脉内外宗亲，亦足以广孝思。

七、祭礼

祭礼之废，半狃[17]于俗，半窘于贫。况值离散，尤难修举。今且节之又节，略存追远之意。

宗法之立，恩隆义肃，谊至正也。但今废格已久，阀阅[18]莫行，况余寒士也，复值乱世，亦无安土，可创祠堂，唯从时俗，各于所处。中堂设一神座，各立一主，奉祀高、曾祖、考妣。考妣及本宗五服之无祭主者，祔[19]之，勿远祀，勿以私情滥祔。有主及义绝者，其窆[20]时所题木主付长房世奉，即安于其室合主位前。如其房有不肖子孙，废祀亵神者，尊长纠之，轻则诘责，重则杖罚，若果贫不克备，各房助给，可也。古士民无鼻祖之祭，今合主中有门中先祖，亦报本之义，从时可也。

古者，四时有祭，今废缺久矣，权于春秋二时，量备酒肴于中堂，设方台合食。春用元日，秋用中元[21]，为众所习，易信从也。祭品随力，丰俭唯主者。奠献必躬必虔，主妇烹割，必亲必洁。祭毕，合附近之父兄子弟馂[22]之。朔望诞忌，焚香楮、献茶，逐日勿废香灯。

栖[23]神于室，亦云亵矣，又复尘秽、杂沓[24]，诚敬何居？神座上止列灯烛、盏台、炉磬等件，供神之具勿杂立，仙佛神像勿混置片纸双箸等杂物。生人平居一室，尚欲明窗静几，不乐杂宾嚣呶[25]、瓦砾盈前，而事先片席杂乱勿忌。事死如生，事亡如存之谓何？若时稍安豫，宜备祭器数具，如盃、碗、盘、碟、匕箸之类，神座上精置一龛，以覆尘，下柜内专贮[26]香楮、器皿，以供岁事，勿杂贮他物。柜内祭器，勿移为宴饮他用。余奔窜[27]半生，癸卯来粗得暖席，方将次第备就，旋罹家难，继以散离。今年登既髦[28]，料不及见小康。为吾子孙，其述吾事。

楮[29]币之焚，事虽不典，而帛为难继，亦可聊将孝思，且有合明器之义，故先儒亦莫之禁也，兹可从众。

八、禁约

仪文粗布，教令宜申。凡夫忠厚存心、正直制行、勤俭居家、温恭接物，吾先人具有遗范。兹约举一、二大节，只承先训者，为吾子孙申饬[30]之。

余家世勋阀，固称巨室，嗣后儒业相传，虽鲜显达，绝无胥吏、隶卒子孙，资性稍可造就为父兄者，亟宜勉加鞭策，使承先绪，如其愚钝，即当务农习艺，安守职业，毋得，失身胥吏，以辱家声。如有败类不遵是禁者，尊长集众杖之，仍付官，公呈除名。

视亲之道，病则迎医，没则葬祭，情理竭矣。其在妻子，尤宜守正，勿得循俗，延致僧道、师巫以渎先人神次。至闺门，宜肃六婆[31]之入，尽人知不祥，尤须戒之。敛形归土永求奠，固仁人孝子之掩其亲道，固然也。礼有改葬之服，为山崩、水淹、漂流、暴露者，言之有等，不肖愚顽，听信堪舆邪说，妄希福利，轻改祖坟。夫开墓见棺，开棺见尸，施于他人，律犹大辟，况施之祖父乎？倘后有不肖子孙作此等横议者，户族立即集众于神座前，公杖责之，并量力罚修坟墓、祭器，以警将来。

注释：

［1］燕毛：出自《礼记·中庸》。指宴饮时年长者居上位的一种礼节。

［2］秩秩雍雍：家人众多，长幼有序，和乐融融。

［3］五服：高祖父、曾祖父、祖父、父亲、自身五代。

［4］游泮：明清科举制度，经州县考试录取为生员者就读于学宫，称游泮。泮即泮宫，西周时诸侯所设大学之名，宋后州县皆置，仍沿用此称。

［5］岁时：取“每年一定的季节或时间”之意，此处应指春节这一特定时节。

［6］笄：古代女子用以装饰头发的一种簪子，用来插住挽起的头发，或插住帽子。在古代，汉族女子十五岁称为“及笄”，行笄礼表示成年。

［7］若子孙繁盛，即以十一、二十一、三十一等呼之：意指因家族后嗣繁盛，以班辈为标准，同一班辈的人，按照出生时间，依据数字排序，如，老大、老二、老三、老四……以此类推。

［8］贫窭：贫穷，贫寒。

［9］醮酒：奠酒、敬酒。古时冠礼、婚礼所行的一种简单仪式，即尊长对卑者酌酒，卑者接受后饮尽，不需要回敬。

［10］羶：同“膻”，指羊身上特殊的腥味。

［11］合卺：交杯酒，汉族婚俗之一，源于周代。卺是瓢，把一个匏瓜剖成两个瓢，在古代，结婚时人们用它作盛酒器，新郎新娘各拿一个饮酒。故合卺意指成婚。

［12］庙见：称新妇首次拜谒祖庙为庙见。

［13］衾：尸体入殓时盖尸的东西，如被子、毛毯等被褥之物。

［14］出攒：意指暂厝，停殡，即指临时安置灵柩，以待安葬。

［15］服阕：旧制，父母死后守丧三年，期满除服，称为“服阕”。

［16］朔望：朔日和望日。农历每月初一叫朔，十五叫望。

［17］狃：拘泥，因袭；习惯了不愿改变。

［18］阀阅：此处指门第、家世。

［19］袯：此处指华丽的装束，衣服整齐的样子。

［20］窆：把死者的棺材放进墓穴，即落葬。

［21］春用元日，秋用中元：元日，即农历正月初一，即春节；中元，即农历七月十五，中国传统的鬼节。此处所指祭祀先祖的具体时间点。

［22］馂：吃剩下的食物，即吃供奉先祖后的那些食品。

［23］栖：停留、居住之意。

［24］杂沓：众多杂乱的样子。

［25］嚣呶：喧闹。嚣，喧哗、吵闹；呶，叫嚷。

［26］贮：储存。

［27］窜：本意指老鼠逃入穴中藏匿、隐匿。此处指躲藏、隐匿之意。

［28］髦：古代称幼儿垂在前额的短发，也指毛中的长毫，喻英俊杰出之士。此处应指年事已高之意。

［29］楮：落叶乔木，叶似桑，树皮是制造桑皮纸和宣纸的原料，古时亦作纸的代称。

［30］饬：整顿，整治。

［31］六婆：古时指从事六种不同职业的妇女，即牙婆、媒婆、师婆、虔婆、药婆、稳婆。

评析：

《耐园家训》是王船山长兄王介之所撰写，家训源于居家通礼，分称谓、仪节、班行、冠礼、婚礼、丧礼、祭礼、禁约八个方面，几乎概述、规范了一个人一生中应该怎样为人处事、接物待人，是一篇实用性很强的家庭教育读本。尤其是禁约部分，对子孙后代提出了做人要“忠厚存心、正直制行、勤俭居家、温恭接物”，明文规定“绝无胥吏、隶卒子孙”“失身胥吏，以辱家声”“勿得循俗，延致僧道、师巫以渎先人”等。这些内容，基本与当时社会的现实息息相关，是儒家文化所倡导的行为规范，也是做人的基本要求，展示了王氏家风的特点。王船山的《传家十四戒》部分内容与《耐园家训》完全相同，这说明，《耐园家训》对王船山影响很大，王船山很好地接受了大哥王介之的训诫，并在此基础上，总结出《传家十四戒》。两者有相通之处，都是以家训形式告诫后人怎么做人，以保持家族的延绵不绝。

第三节　《〈耐园家训〉跋》① 注释及评析

吾家自骁骑公从邗上来，宅于衡，十四世矣。废兴凡几，而仅延世泽。吾子孙当知其故：醇[1]谨也、勤敏也。乃所能然者何也？自少峰公而上，家教之严，不但吾宗父老能言之，凡内外姻表、交游邻里皆能言之。至于先子，仁慈天笃，始于吾兄弟冠昏[2]以后，夏楚[3]不施，诃斥不数数焉。然以夫之之身沐庭训者言之，或有荡闲之过，先子不许见，不敢以口辩者，至两三旬，必仲父牧石翁引导，长跪庭前，牧石翁反复责谕，述少峰公之遗训，流涕满面，夫之亦闵然泣服，而后得蒙温语相戒。夫之之受鸿造[4]于先子者如此，然且忠孝衰于死生之际，学问惘于性命之藏，白首无成，死萤不耀，则夫为父兄者，以善柔[5]便佞[6]教其子弟，为子弟者，以谐臣[7]媚子[8]望其父兄，求世之永也，岌岌乎危矣哉！吾伯兄律己严，而慈仁有加于先子，夫之尝请益焉。然夫之自不能言物行恒，迪威如之吉（君子知人化之本，自家而出，而家之本又自身而出，而修身之道，言行而已，有言以讲明伦理俱本，实践有物，而非虚有行，以敦笃伦理无间始终，有恒而不变，修身则家齐，而风化之本端矣。威如之吉，反身之谓，所谓得吉者，岂厉刑威之谓。盖反身自治，身之所具，若视听言动，皆在礼法之中；身之所接，若人伦庶物，皆在道义之内。则言行之际，有物有恒，虽不厉声色，而作威俨然，人望而畏之，所谓威如者如此），又安能不自疚愧邪？伯兄之立身立教，大率皆藏密，反本为用，愚者弗知尔。晏子曰："唯礼可以已乱[9]。"旨深哉！伯兄睦修家训，导子孙以可行，酌古今而立画一之规，礼意于是存焉。为吾子孙者，读而绎[10]之，遵而行之，察其所，必然而喻，其莫敢不然，何遂不雷霆加于顶，冰雪浃于背乎！礼之本无他，爱与敬而已矣。亲亲者，爱至矣，而何以益之？以敬。夫之曰："子也者，亲之后也，敢不敬与！"为父兄者，不以谐臣媚子自居，而

① 王德兰，等编．邗江王氏五修宗谱．1917.

陷子弟于便佞善柔之损，敬之至也。尊以礼莅[11]卑，卑以礼事尊，《易》曰："家人嗃嗃[12]，未失也。妇子嘻嘻，失家节矣。"（王凝[13]治家，以四教[14]正家，以四礼[15]闺门，肃若朝廷，庶几近之。）节也者，礼也。奉伯兄之训，父兄立德威以敬其子弟，子弟凛[16]祗[17]载以敬其父兄，嗃嗃乎礼行其间，庶几哉，可以嗣先，可以启后。不然，吾所不忍言也。伯兄倾背，从子敉[18]刊其训以传于后，非徒尚其拜稽仪文之节也，有精意存焉。夫之蔽之一言，曰："严"。（篇内以少峰公家型作主意，故归本严字为柱义，总结处着眼字在此）非夫之之私言也。《易》曰："家人有严君焉，父母之谓也[19]。"鬼神临之，吉凶随之，尚慎之哉！

柔兆[20]摄提格之岁，律中蕤宾[21]，中浣[22]谷旦[23]。

注释：

［1］醇：取纯粹、纯正之义。

［2］冠昏：昏，同"婚"。指冠礼与婚礼。

［3］夏楚：夏，同"槚"。楚，荆条。《礼记·学记》中有"夏楚二物，收其威也"的句子。"夏楚"就是教师使用的教鞭，是用来警惕鞭策学生，达到整肃威仪的效果的。后泛指体罚学童的工具，多用于对未成年人。

［4］鸿造：鸿恩。

［5］善柔：指阿谀奉承。

［6］便佞：指能言善辩，但心术不正、引人学坏的朋友，称为损友；也指善于说些花言巧语的好话，满足官人虚荣心以求得生存的小人。

［7］谐臣：指乐工。《唐书》："乐工曰谐臣、诨官。"

［8］媚子：所爱之人。

［9］乱：没有秩序。

［10］绎：理出头绪、寻究原因。

［11］莅：官吏到任，执行职务或临朝治理政事。

［12］嗃嗃：严酷的样子。

［13］王凝：（821—878），字致平，一作成庶，绛州（今山西绛县）人，性坚正，贡闱取士，拔其寒俊，而权豪请托不行。

［14］四教：《论语·述而》："子以四教：文、行、忠、信。"

［15］四礼：指"四德"，即妇德、妇言、妇容、妇功。

［16］凛：严肃；严厉。

［17］祗：敬。

［18］敞：王介之的儿子，王船山亲侄子。

［19］家人有严君焉，父母之谓也：这句话是《易经》里讲家庭伦理的。意思是一家人也应该（像一个国家一样）有一个威严的君主，那就是父母亲。

［20］柔兆：指太岁在“丙”。古代岁星纪年法用岁阳和岁阴相配合以纪年。

［21］蕤宾：古人律历相配，十二律与十二月相适应，谓之律应。蕤宾位于午，在五月，故代指农历五月。

［22］中浣：原指古时官吏每月中旬的休沐日，后泛指每月中旬。

［23］谷旦：良辰；晴朗美好的日子。古时常用为吉日的代称。

评析：

跋，一般是写在书籍、文章、金石拓片等后面的短文，内容大多属于评介、鉴定、考释之类。此跋，就是王船山对哥哥王介之《耐园家训》的评述。他高度评价了《耐园家训》的意义及作用，强调了对“家严”的理解：君子知人化之本，自家而出，而家之本又自身而出，而修身之道，言行而已，有言以讲明伦理俱本，实践有物，而非虚有行，以敦笃伦理无间始终，有恒而不变，修身则家齐，而风化之本端矣。威如之吉，反身之谓，所谓得吉者，岂厉刑威之谓，盖反身自治，身之所具，若视听言动，皆在礼法之中；身之所接，若人伦庶物，皆在道义之内。则言行之际，有物有恒，虽不厉声色，而作威俨然，人望而畏之，所谓威如者如此。由此得出“德”“节”“礼”“严”对家族兴盛的重要作用：节也者礼也，奉伯兄之训，父兄立德威以敬其子弟，子弟凛祗载以敬其父兄，嗃嗃乎礼行其间，庶几哉！可以嗣先，可以启后。不然，吾所不忍言也。伯兄倾背，从子敞刊其训以传于后，非徒尚其拜稽仪文之节也，有精意存焉。

因此，为了传承家训精神，王船山特意在《耐园家训》的后面作了此跋，其目的就是希望王氏后裔能够恪守家训精神，生生不息。

第四节　《示子侄》① 注释及评析

立志之始，在脱习气[1]。习气薰人，不醪而醉。其始无端，其终无谓。袖中挥拳，针尖竞利。狂在须臾，九牛莫制。岂有丈夫，忍以身试！彼可怜悯，我实惭愧。前有千古，后有百世。广延九州[2]，旁及四裔[3]。何为羁络[4]，何所拘执？焉有骐驹，随行逐队？无尽之财，岂吾之积。目前之人，皆吾之治。特不屑耳，岂为吾累。潇洒安康，天君无系。亭亭鼎鼎[5]，风光月霁。以之读书，得古人意。以之立身，踞豪杰地。以之事亲，所养惟志。以之交友，所合惟义。惟其超越，是以合易。光芒烛天，芳菲匝地。深潭映碧，春山凝翠。寿考维祺，念之不昧。

注释：

[1] 习气：多指逐渐形成的不良习惯或作风。

[2] 九州：传说中的中国上古地理区域。九州为冀州、兖州、青州、徐州、扬州、荆州、豫州、梁州、雍州。此处意指全中国。

[3] 四裔：指幽州、崇山、三危、羽山四个边远地区。此处意指四方边远之地。

[4] 羁络：羁绊。

[5] 亭亭鼎鼎：高耸或直立的样子，很盛大。

评析：

《示子侄》是王船山写给侄儿敞等人的家书，内含三层意思：第一，强调立志。一个人首先要树立远大的目标，要确定崇高的理想，这样，才会促使自己信心满满地去奋斗。为此，他指出，有了理想和目标，就要脱除平常的“习气”（不良习惯），不然，目标和理想难以实现。第二，告诫子侄一定要戒除狂傲。因为狂傲是一个人难以成大事的阻碍。狂傲的人，眼高手低，看不起别人，不会虚心、上进，总以为老子天下第一。因此，在人生过程中经常栽跟头。要心怀天下、仗义疏财、踏实前行。第三，坚持读书习礼，只有书读得多，才会举止得体，礼仪天下，才能成为真正的豪杰志士，才会得到众人的推崇，从而达到自己的理想彼岸，实现自己的

① 王德兰，等编．邘江王氏五修宗谱．1917.

人生目标。

《示子侄》是王船山从更积极的方面对自己的子侄后代提出成长中需要注意的地方，是站在较高的角度来激励后代们如何读书、如何做人、如何事亲、如何交友。这些语重心长的谆谆教诲，就是希望他们不断地克服自身不良的个人习气与私心杂念，不要去追求金钱名利，而应该树立远大的人生理想，不断超越自我，做一个正直、有理想的人。《示子侄》是王船山家书中重要的篇章，展露了一位智者积极进取的豁达心态，饱含对晚辈的殷切期望。

第三章　船山家风特点及成因分析

第一节　船山家风研究综述

通过查询中国知网资料库，我们对船山家风、家训进行搜索、整理时，不难发现，在期刊检索时，输入“王船山家风”“王船山家训”只能检索到几篇文章。由此可知，目前关于船山家风、家训研究还不够深入。通过对检索来的文章进行整理可发现，关于船山家风、家训研究主要集中在以下三方面：

一、对王船山人生经历和船山思想进行多维度的全面的总结性的研究。这主要有赵红莲的《王船山家训伦理思想研究》①，文章指出：船山一生遭逢明清鼎革的社会变局，“内忧外患”的家国情势，政治理想的破灭，致使船山思忖着危难时局中的意义建构和家庭建设的精神价值。王氏家族家学渊博，为王船山提供了良好的成长环境，为其走上学术之路打下了坚实的基础，也加深了其对家族的重视和依赖。船山家训是对中国传统家训的继承和发展，其中不少直接来源于其祖上的家训，同时继承了湖湘文化的精髓，并结合新的时代情势作出了创造性的阐释，形成了其伦理思想。船山家训思想涉及治家理业、修身立业、为人处世三个方面。其目的是要传承并弘扬家族伦理精神，使家庭成员得以无愧地立于天地之间。因而要求家庭成员要以礼相待、和睦互助，对于家业要知足，选择姻亲要重视家风。船山家训思想的内容主要集中在对子弟的引导、教育上，他告诫子弟要志存高远，远避俗气，要以学习为本，学以致用，并且教导子弟择业时要以自己所长和社会需要为根据。在为人处世上，船山强调要坚持自己的

---

① 赵红莲．王船山家训伦理思想研究．湖南师范大学2016年硕士学位毕业论文：1—57.

底线和操守，在脚踏实地中寻找到自己的位置。船山家训思想有其浓厚的民族主义和经世致用特点。

二、对船山家训进行一般性的梳理介绍研究，主要散见于研究家训的著作当中。陈延斌的《中国传统家训研究的学术史梳理与评析》[①] 认为在继承和弘扬传统家训文化方面，要倡导建立“中国家训学”，加强对传统家训思想史深层次探讨和横向交互研究，拓展深化地进行系统的文献搜集与整理，开发利用传统家训史料资源，创建新的家训文化。陈延斌在《中国家训史》的第五编“明清家训”中的第三十四章将王船山家训思想概括为志存高远，远避“俗气”；教子严正，爱敬一体；光明正大，宽柔慈厚等，将王船山家训放置到当时的社会背景以及王船山反清的立场上来解读。李茂旭在《中华传世家训经典》[②] 一书中描述了王船山在励志、处世方面的家训思想，主要是通过对原文进行翻译来展现王船山的家训内容。唐红卫、阳海燕的《试论王夫之的齐家思想》[③] 一文将王船山的齐家思想概括为“父子”“夫妇”“兄弟”三个方面的内容，着重从王船山家庭成员之间关系的特点以及处理好家庭成员关系的方法来研究王船山家训思想。推崇“家国同构”的中国儒家文化历来重视家庭问题——即“齐家”，王船山的“齐家”思想主要包括：父慈子孝，家教从严；夫义妇听，相敬如宾，勤俭持家；兄友弟恭，安静守分。当前世界性的“家庭道德滑坡”现象突出，王船山的齐家思想不无裨益。

三、对王船山家训文本的解读、内容条目的梳理以及对其家世家风进行研究。这方面的研究主要有湖南师范大学彭大成教授的《王船山家世、家学、家风传承考》[④]，文章主要论述了王船山家族是武功传世之家，从其第一代祖公追随朱元璋打天下，世袭衡州卫指挥佥事，世代忠于明朝，与明朝相始终。从船山第七代祖公一山居士王宁开始转武习文，成为儒学传世之家，至王船山父亲王朝聘成为当世大儒，深研程朱理学与《胡氏春秋》，奠定了深厚的家学渊源，弘扬与发展了中国传统文化与湖湘文化。

---

① 陈延斌．中国传统家训研究的学术史梳理与评析．孔子研究，2017 年 05 期：137—144.

② 郭齐家，李茂旭．中华传世家训经典．人民日报出版社，2010.

③ 唐红卫，阳海燕．试论王夫之的齐家思想．船山学刊，2013 年 01 期：47—50.

④ 彭大成．王船山家世、家学、家风传承考．https：//www. douban. com/group/topic/9412062/？author = 1.

王氏家族世代家教甚严，形成了忠介刚直、清廉自守的优良家风，其母系家族亦有颇高的文化道德文化素质。正是这优良的家世、家学、家风培育了一代伟人王船山。陈扬的《从军功世家到书香门第——论衡州王氏家族的转变》[①]，文章阐述了衡州王氏家族王船山一脉在衡阳的繁衍、传承及其家风特点，从第一代到第六代，王氏家庭是不折不扣的军功世家，以王全、王刚、王震、王翰等军功世袭人物为代表；从第七代到第十二代，衡州王氏家族转型发展成为书香门第，涌现出了以王朝聘、王介之、王夫之等为代表的科举人物；从明朝文武关系的变化和重视文教的家风等方面进行分析，揭示了王氏家族家风转型的原因。陈力祥的《从经典诠释管窥王船山厚德隆礼的家风情愫》[②]，认为船山思想多是对六经开生面而形成，从船山对经典的诠释中可以管窥其家风思想：船山家风思想强调修德立己，以礼处世。特征为厚德隆礼，既重视个人德性修养，又重视外在的礼之践行。其逻辑理路表现为由德而礼、由内而外。在家风培育方面，王夫之更是强化人之道德品质，强调从礼教入手，借助德化、礼教培育家风。肖奇的文章《〈邗江家乘〉中的衡阳社会与船山思想》[③]，对船山族谱《邗江家乘》进行了分析，指出族谱编写格式及具体内容体现了船山思想与当时族谱修撰的基本模式，反映了当时衡阳地方社会的政治、经济、文化、宗族，也体现了船山及当时社会的一般思想潮流。周新民的《从〈传家十四戒〉看船山的家庭道德观》[④]，以《传家十四戒》为研究对象，提炼了王船山原文中的主要思想，并简要地总结和评价了王船山的家庭道德观，认为《传家十四戒》所反映出来的儒家伦理道德观，是以小农自然经济为基础、以传统的儒家道德为主体的中国文化，这种文化只能适应于生产力水平很低、生产方式十分落后的小农经济，在今天是不足取的。周新铭另一篇文章《浅论影响王船山的家风因素》[⑤]，认为严格的家训教育培养出王船

---

① 陈扬．从军功世家到书香门第——论衡州王氏家族的转变．衡阳师范学院学报，2020 年 02 期：20—24.

② 陈力祥．从经典诠释管窥王船山厚德隆礼的家风情愫．湖南大学学报（社会科学版），2015 年 05 期：24—29.

③ 肖奇．《邗江家乘》中的衡阳社会与船山思想．长沙理工大学学报（社会科学版），2008 年 01 期：88—92.

④ 周新民．从《传家十四戒》看船山的家庭道德观．船山学刊，1988 年 01 期：84—85.

⑤ 周新民．浅论影响王船山的家风因素．船山学刊，1998 年 01 期：21—22.

山自强不息的精神，而影响王船山家风形成的因素主要有：第一，正统教育。家庭是社会的细胞，家风直接关系和影响着一家人的文化思想和道德修养。第二，崇尚气节。把气节看得很重也是王船山家世的祖传之一。第三，不攀权贵，甘贫远利。刘畅的论文《论家庭环境对王船山的影响》[①]，从家庭环境的角度论述了王船山的性格与思想形成的因素。谷方的《王夫之家世新考》[②]，从王船山家世的基本特点出发，分析了王船山家庭经济地位的变化，以及这种变化对王船山的影响。

综上所述，目前学界对船山家风研究主要是概述王氏历代祖先都忠君爱国、忠于职守、忠介廉洁、刚直不阿等。王氏一族虽是功勋之家，世袭高级武官，门第显赫，但没有骄奢淫逸之风，没有出过纨绔子弟，更没有违法犯科之人。由此可见，王家家教很严，从王船山的祖父少峰公王惟敬，再到父亲武夷公王朝聘，对子女管教都很严厉。王家历代都重视孝悌传家等。这些共同形成了王船山家风的基调。

第二节　船山家风特点之忠君爱国

一直以来，王船山坚持认为他是明朝的遗民，这是因为他的家庭自先祖骁骑公王仲一开始就得到了明朝的加封，所以整个家族一直都传承着忠君爱国的基因。因此，船山家风特点之一就是忠君爱国。

一、上祖遗风：尚武报国

我们从《家世节录》可知，王船山先祖骁骑公王仲一行伍出身，带领众兄弟参加朱元璋领导的农民起义。起义成功后，王仲一官居山东青州左卫正千户，其弟王仲二、王仲三分封长沙、衡州二卫指挥。王氏先祖成为明朝的开国功臣，自然对朝廷忠心耿耿。王仲一儿子王成，受封为明威将军，跟随明成祖朱棣南下，屡立战功，后升任衡州卫指挥佥事，官职世袭。第六代传人轻车公生骠骑将军上护军公王震，“累官镇守柳庆参将，先正体国用人，争而不忮，如此，天下何得不晏然。顾非轻车公之大节，

① 刘畅．论家庭环境对王船山的影响．船山学刊，1985 年 01 期：72—76.

② 谷方．王夫之家世新考．船山学刊，1984 年 01 期：82—86.

实有以厌君子之心者，亦无以得此。骠骑公累官二品，家无余赀。柳庆居百蛮之冲，怀柔震迭，不侵不叛，其承堂构而报元老之知，亦有所自来也”。[①]

由此可见，王船山先祖都具有忠君爱国的大德情怀。因战功卓著，王氏家族先后被明洪武帝、明永乐帝、明成化帝、明弘治帝嘉奖。《邗江王氏五修宗谱》中就有皇帝的嘉奖令，如：“皇帝制曰：朕念边陲之地，非得忠实、勇果、英敏、通达之人不足以惠安遐方之心。矧柳庆居粤上流，咸接溪峒，尤深注念而褒恩不逮。何以风励远臣，作其忠志尔。广西分守协镇柳庆，等处参将管副总兵事王震，发迹荫授晋秩卫丞，迪躬罔懈，抚绥有方，习三军于田猎，教五技于搜苗，历功督课受擢。今官崇寄保障之重益，励忠贞之志，务使氛消瘴气，烽寝狼烟。兹以覃恩持授尔阶马骠骑将军，上护军锡之诰命。夫马援刊木随山，功重铜柱。此皆前代之明征，惟尔名硕世臣，尚其迈此前芳。勉励尔猷益终，永誉钦哉。又封妻常氏夫人。明弘治十年三月□日敕。”[②] 在古代，那是需要有显赫的功绩才能得到皇帝的嘉奖的，这是家族至高无上的荣光。王船山的祖上能够得到四位皇帝的褒奖，足以表明其家族忠君爱国的大德情怀。王船山先祖获得的这些嘉奖，当然与他们为朝廷建功立业是分不开的。在当时的社会，以王船山先祖家的实际情况来看，想要建功立业，必须要有一身过硬的武功。因此说，王船山先祖家风特点之一就是尚武报国。

二、船山父子、兄弟及其子孙的爱国情怀

王氏家族从第七代一山居士王宁开始，由尚武转为习文，至王船山这一代已经过五世累积，奠定了深厚的家学基础，在经学、史学、文学方面都达到了相当高的造诣，而且这种学术研究始终与国家的命运、民族的兴衰联系在一起，充满着求实致用、经世济民的现实关切。作为明朝的功臣之后，王船山的父亲王朝聘、哥哥王介之以及王船山本人始终保持了对明朝的无限忠诚。在张献忠的农民起义军攻陷衡阳之后，大量搜捕当地的儒生（知识分子）授予官职，以建立自己的政权。当时七十多岁的王朝聘也

① 王德兰，等编．邗江王氏五修宗谱．1917.

② 王德兰，等编．邗江王氏五修宗谱．1917.

被起义军抓去作人质以胁迫王介之、王船山两兄弟就范。王朝聘誓死不从，已准备投环自尽。而王介之也准备舍身出面救父，王船山则用刀刺破自己的面孔与手腕，血流满面，被人抬着来到农民军的军营换回父亲，王船山也在朋友的帮助下连夜脱逃。为什么王朝聘宁愿死也不屈服，王船山、王介之宁愿逃匿于深山老林过着极其艰辛的流亡生活也不去做官呢？根本原因就在于，在他们心目中，明朝才是他们的朝廷，张献忠是叛逆。他们不屑于给“伪朝廷”做事，那样就失了大义。后来在清朝康熙皇帝平定“三藩之乱”，全国大局已基本稳定之后，王朝聘临终遗言：“南岳莲花峰之麓，幽迥远人间，必葬我于此，勿载遗形过城市，与腥嗓相涉”①，强烈表现了他不与清朝合作的态度。王介之、王船山兄弟隐居衡阳的穷山僻壤之中，不接见清朝的官员，不为清朝做事，同样是忠君爱国的表现。尤其是王船山，常以“遗臣”自居，长期从事反清复明活动，所以，其家风中忠君爱国的烙印非常明显。

1644 年 3 月，李自成率义军攻占北京城，明庄烈帝（崇祯）在万岁山上吊自杀。消息传到衡阳，王船山痛哭流涕，连续几天不吃不喝，作《悲愤诗》抒怀，边吟唱边流泪。由此可见王船山的一腔忠君赤忱。《王船山先生年谱卷上》云：“夏四月，闻庄烈帝殉社稷，涕泣不食者数日，作《悲愤诗》，今逸。潘传云：甲申，闯贼破北京，明怀宗殉社稷。先生闻之，涕泣不食者数日，作《悲愤诗》。《章灵赋》自注云：甲申春，李自成陷京师，思庙自靖。五行汩灾，祸婴君上，普天无兴勤王之师者。草野哀痛，悲长夜之不复旦也。”②

1648 年的冬天，王船山与管嗣裘在南岳衡山方广寺举行反清复明的农民武装起义，因为内部有人向清军告密，加之起义军大多为农民和僧侣，缺乏战争经验，平时也没有经过专门的军事训练，所以战斗力很弱，最后起义被清军镇压。起义军遭到清军的追捕、屠杀，王船山也开始逃亡。《王船山先生年谱卷上》云：“冬十月，与同年管舍人嗣裘举兵于衡山，战败军溃，由耒阳、永兴、桂阳、郴州走桂林，遂至肇庆。复由浈阳峡过清

① 王德兰，等编．邗江王氏五修宗谱．1917.

② 王夫之．船山遗书：第十五册．北京：中国书店，2016：300.

远，仍还肇庆。”① 由此可看出，书生出身的王船山，怀着满腔报国热情，投身于武装斗争中，以期实现自己的救国梦。书生救国更可敬！

1649 年，王船山来到广东肇庆，拜谒了兵部尚书堵胤锡，后在堵胤锡的举荐下，担任南明朝廷行人司行人。《王船山先生年谱卷上》云：“夏四月，复由间道赴肇庆。桂王命为行人司行人。秋，至德庆堵制相允锡军中。”② 王船山抱着一种生死报君王的理想，施展自己的才华，拯救处于风雨飘摇中的南明朝廷。可后来发生的“五虎”事件，让满腔救国热忱的王船山对这个没落的南明朝廷彻底失望。通过深刻反思，他终于在痛苦中挂印而归，结束了自己的仕途救国经历。《王船山先生年谱卷上》）云：“偕中书管嗣裘劾大学士严起恒谏诏狱少詹事刘湘客，给事中蒙正发、金堡、丁时魁。夏四月，与行人董云骧交章请允严起恒以礼去国，凡三上疏，皆纠劾大学士王化澄，不听。五月，王化澄因攸县狂人作百梅诗冒先生名为序，借为叛端，将构大狱，挤之死地。先生移疾俟遣。兵部尚书万翱、南京兵部尚书鲁可藻疏请逮治。郧国公高必正力争得免，乃去官。”③

1654 年 8 月，王船山携妻来到常宁西庄园，一住就是三年。这三年中，王船山一方面开馆授徒，讲授中国传统文化的思想，同时，也传授反清复明的思想，播散着反清复明的火种。另一方面，他潜心著书立说，写下了《周易外传》《老子衍》《黄书》等著作。尤其是《黄书》，这部以推翻清朝统治为背景的治国政治书，蕴含了丰富的民族主义思想，展现了王船山以天下为己任，保卫华夏、抵御外族入侵的政治抱负。

根据有关史料记载，王船山先后四次作了“悲愤诗”：第一次是崇祯帝自缢万岁山，明朝灭亡时；第二次、第三次都是因为南明皇帝相继去世时而作；第四次是明桂王被害，南明政权灭亡。这四次“悲愤诗”的写作，表明了王船山对国家的兴衰极其关注，也是他爱国情怀的最好写照。

隐居湘西草堂的王船山，依然不与清朝合作，以“活埋”精神潜心著书立说，其行为就是一种反叛：比如“头不顶清朝的天，脚不踏清朝的地”，也就是不管天晴下雨，外出都戴斗笠（打伞）穿木屐；面对清朝官

---

① 王夫之．船山遗书：第十五册．北京：中国书店，2016：310.

② 王夫之．船山遗书：第十五册．北京：中国书店，2016：311—312.

③ 王夫之．船山遗书：第十五册．北京：中国书店，2016：318—320.

员的笼络、馈赠，王船山撰联“清风有意难留我，明月无心自照人”以表心志，加以拒绝；在“留发不留头，留头不留发”的现实面前，他依然故我，不剃头，保持明臣的发式和生活习惯；其自题墓志铭“抱刘越石之孤愤，而命无从致；希张横渠之正学，而力不能企。幸全归于兹邱，固衔恤以永世”。忠于民族、忠于国家的情怀一览无遗。品性决定了行事风格，行事风格自然潜移默化成了家风的特点。

王船山反清复明大计失败后，无论是举家迁居金兰败叶庐、观生居，还是僻居常宁西庄园，自称瑶人，抑或暂住南岳续梦庵，乃至最后落户衡阳县的湘西草堂，就是表明他要与清朝隔离的决心，因为他内心觉得自己是明朝的遗民，不是清朝的臣民，不受清朝的管制。王船山这种矢志报国、仗节自居的隐居精神，必然给自己的家风带来清贫、节俭之风。因此，他的家风在“忠君爱国”的表象下，隐世特点突出——隐居荒山僻野，过与世隔绝、与世无争的平静生活。

湘西草堂正门两侧高高地挂着王船山亲自撰写的对联“清风有意难留我，明月无心自照人”，这是王船山忠君爱国的无声誓言。他要时时告诫、警醒每一个家族成员要志存高远，不忘前朝，永远做一个“明遗民”。湘西草堂门前左右两侧挺立的柏树，也是王船山亲自栽种的。民间常言：坟前栽柏，屋前栽桂，因此，在屋前栽种柏树，这是非常忌讳的。而王船山就是要一反常态，这正是他“乞活埋”的真实写照，王船山这些不同于常人的孤愤、决裂行径，就是他忠君爱国的最好体现，也是其家风的显著特点。

王船山的子孙后代，同样坚守祖训，大部分在家务农，很少有读书入仕为官的，这从侧面验证了他们家族家风的特点——忠君爱国。为什么这样说呢？因为“学而优则仕”，他们不读书，自然就不能入朝为官，这显然是一种不与朝廷合作的冷处理。

第三节　船山家风特点之厚德载物

王船山深受父亲王朝聘、母亲谭孺人的教育和影响，接受中国传统文化的洗礼，自觉做一位人伦之师，诠释着厚德载物的含义。

王朝聘与人相交，始终以忠孝道义为先，不愿受人私恩，被人笼络结成小圈子而陷入党争。他对儿子的教育也是如此。王船山即将出门参加考试，临行前请教父亲说："夫之此行也，将晋贽于今君子之门，受诏志之教，不知得否?"[①] 意思是我此次出去，准备投奔于当今一些有名望的大人君子的门下，以得到他们的教导与提携，不知是否可以？其父王朝聘很不高兴。《王船山先生年谱卷上》中《家世节录》云："壬午冬，夫之上计偕，请于先君。先君曰：今所谓君子者，吾固不敢知也。要行己自有本末。以人为本而己末之，必将以身殉他人之道，何似以身殉己之道哉？慎之，一入而不可止，他日虽欲殉己而无可殉矣。"[②] 由此可见，王朝聘对儿子王船山的教育是"以人为本"，而非"以己为本"，"以身殉他人之道"，而非"以身殉己之道"。他告诫王船山做人要有自己的基本原则与坚定信念，如果接受了别人的提拔引荐之恩，而陷入官场的宗派斗争，那是不可取的，所以一定要慎重。做官就是做人的最好体现，无论人处于何种境地，都要有好的品德，保持高风亮节的品质，不受别人要挟、控制，行得端，坐得正。这便是"厚德载物"的最好表现。王朝聘以宁折不弯的品性教育、影响王船山做一个正直、大义、堂堂正正的人。

金榜题名、入仕为官是每一个读书人的梦想，王船山的父亲，本来是有机会做到这一点的，但他不愿贿赂那些掌握他升迁机会的不良官吏，宁愿不入仕，也不扭曲自己的人格去做自己认为不对的事情。《家世节录》有云："会乌程当国，操切以希上旨。其姻家唐元弼者，干没副贡籍，求府判所部核罢之，乌程怒，为罢铨郎。新铨郎会乌程意旨，苛按辛酉副贡，移仪曹，索故纸，束泾甚，暗索贿焉。先君曰：'是尚可吏也乎？吾以求一命为先人故，俛折至此。若出贼吏胯下，以重辱先人，是必不可。'"[③]《家世节录》又云："诣仪曹辞罢。大仪慈溪冯公起龙笑谢先君曰：'观生气固不可折者，吾为选，君必旦暮为除遣，何有长者而作少年拂衣意气乎?'先君正色长揖而对曰：'无所辱公嘉惠。某有田可耕，有子可教，终不敢欺天，以暮夜金博一官。'碎假帖而退。夜买驴出春明门，遂归。莳药灌畦，若未踏长安尘者。家居十七载，不一至郡邑庭，亦不通

① 王德兰，等编．邗江王氏五修宗谱．1917.

② 王夫之．船山遗书：第十五册．北京：中国书店，2016：296.

③ 王德兰，等编．邗江王氏五修宗谱．1917.

杂宾客，非两叔父外诸从洎及门问字者，往来都绝。长吏到门，以疾却刺。”① 由其可见一个铮铮铁骨之人的光辉形象，如果是没有正直品性的人，是难以做到这样宁折不弯、高风亮节的。王朝聘这种慎独的品质，深深影响着王船山的成长。《家世节录》又有云：“伍学父先生与先君为师弟子，而相得如友生，先生藏书万余卷，居恒谓家君：‘此中郎所以贻仲宣者，行归之子。’后先生猝得热疾，懑急不能语。先君躬执药食，先生目语先君，如将有所授者，先君辄俯首不答。归而叹曰：‘吾宁负先生治命，不能受仲宣之托也。’先君严于取与，大率如此。”② 王朝聘的老师伍定相，在晚年患病期间，多亏王朝聘的悉心照顾，直至去世。俗话说，久病无孝子。可王朝聘照料的人却是与他没有半点血缘关系的人，这需要多么宽广的胸怀。正因为他的真情付出，老师伍定相在临终之前想把自己的万余册藏书赠送给王朝聘，可王朝聘坚决不肯接受，表现了他对师长孝敬的真挚感情。俗话说，“一日为师，终身为父”。深受儒家文化影响的王朝聘，身体力行，做到尊师重教、不取意外之财，此种高贵品质正是典型的中国传统文化践行者所追求的。

1643 年，张献忠攻下衡阳，大肆网罗当地有名望的人士为其服务，不从者，投河溺亡。王船山兄弟逃出了衡阳城，张献忠就派人把王朝聘抓来做人质，想要他把王船山兄弟召来。《家世节录》云：“先君为伪胥所得，勒至郡城。伪吏故为软语，诱先君致夫之兄弟。先君张目直视，终不答。伪吏怒，将羁先君。先君叹曰：‘安能以七十老人俯仰求活！’沐浴易衣，就亲故告别，将以是夕投缳。”③ 深明大义的王朝聘严词拒绝张献忠的要挟，因为在王朝聘的心中，张献忠是个“匪”，不是正宗的、人神共敬的皇帝，他宁愿死，也不会做出有辱祖先的勾当。这种视死如归、大义凛然的感人形象，正是正人君子的真实写照。

在家教方面，王朝聘非常讲究方法，以正面教育、启发教育为主。当子弟犯了错误时，不急于当场训斥，而是在子弟知错明耻的基础上再耐心教导，效果很好。

---

① 王德兰，等编．邗江王氏五修宗谱．1917.
② 王德兰，等编．邗江王氏五修宗谱．1917.
③ 王德兰，等编．邗江王氏五修宗谱．1917.

父亲的这些言传身教，深深影响了王船山的人生观，为他日后的成长起到了潜移默化的作用，为王船山的性格、志向的成型积聚了厚重的家庭氛围。

与此同时，母亲谭老孺人的为人处世也给了王船山不可磨灭的印象，丰富了王船山的人生经历。

谭老孺人对待公婆极尽孝意：厨房做饭菜时，轻手轻脚，生怕厨房的刀砧声影响公婆；冬天不生炉烤火，夏天不摇扇消暑，生怕烟熏得公婆不舒服，生怕摇扇产生噪音干扰他们休息，宁愿自己挨冻受暑，也不愿让公婆心生烦意。

谭老孺人二十年如一日地赡养叔叔王惟炳及其夫人（王惟炳晚年丧子，无所依靠），照顾周到，毫无怨言，此等懿行，实为王家之幸事。

谭老孺人是一位情意深重的主妇，大度、重情重义。《家世节录》云："与仲母吴太恭人相得如骨肉，白首无间言。一庭之中，兄弟訚訚于外，妯娌雍雍于内，欢然忘日月之长。后虽析居，间十日不往还，则怦怦若失。季母万晚得奇疾，性稍乱，先孺人一往问之，则流涕竟日。其卒也，一恸几绝。从大父太素公，暮年丧子，与朱太母就养先君，酒茗必清，蔬脯必治，饴粥果饵，逆探其意而供焉，二十年如一日。每逢綦孺人生忌，躬设香茗拜荐。"① 王朝聘原配綦氏在万历甲午年（1594）去世，后配谭氏，即王船山母亲。每年的綦氏生日，谭氏都焚香祭拜，此举深为后人敬仰。谭氏对夫君王朝聘也一往情深、相敬如宾。王朝聘犯有哮喘病，痰多，谭氏都亲自调理药料，不让子女或其他人插手，生怕耽误了丈夫的病情。丈夫病好后，她却累得病倒，但她仍强打精神，每天早起晚宿，日夜操劳家务，以一副病体撑起家庭的重担，料理好家庭里里外外大小一切事物。她与妯娌亲如姐妹，从未以长欺小。弟媳万氏（王家聘夫人）晚年得怪病，谭氏不怕传染，常去看望、慰问，每次都是泪流满面而回。万氏死后，谭氏伤心了好长时间，仿佛掉了自己的心头肉。从这些小事我们可以看出，王船山母亲是一位不简单的家庭主妇。她给家庭营造了浓浓的亲情味，让每一个人感受到了家的温暖。

谭老孺人也是一位持家有方的里手。《家世节录》云："先君宦学四

① 王德兰，等编．邗江王氏五修宗谱．1917.

方，家徒壁立，先孺人躬亲舂饪，支盈补虚，以佐图史舟车之赀，费逾千金。而两兄及夫之镫丸书卷，衣履赠遗，娶妇饴孙，以及岁时尝荐，伏腊酒浆之属不计焉，皆先孺人之手泽也。顾每有赢余，辄尽散以施姻党之乏，及他迫而来告者，下逮僮仆，人得取给，恒霈然有余，终不囊宿一钱。”[①] 在古代，贤妻良母最主要的表现是持家有方，使家庭和睦、兴旺发达。谭氏在丈夫外出求学求官之时，充分发挥自己的精明才智，把家庭打理得井井有条，让丈夫安心在外打拼，让儿子们安心攻读诗书，让家里每一个成员不挨饿受冻，且还有盈余支援窘迫的亲戚。这一切的开支，数目应该不菲，就凭谭氏这一弱女子带领全家人精打细算、节衣缩食而迎刃而解，不得不说，此女子是经济能人，持家能手。

另外，王船山在岳麓书院求学时，当时的山长吴道行也给他深深的影响和教育。吴道行用舍生取义、经世致用教育王船山，为他一生大义至上打下了坚实基础。

王船山出身书香门第，深受儒家文化的影响。“克己复礼”的儒家道德准则，“天下有道则现，无道则隐”的儒家处世态度，以及伯夷“义不食周食”饿死的遗民气节，陶公“不为五斗米折腰”的风骨，屈子的九死不悔的精神，都深深地浸润到他的血液里。

可以说，中国优秀传统文化的洗礼、父母厚德笃行的影响，加上良好的家庭教育氛围，以及岳麓书院厚重的湖湘文化浸润，成就了王船山正直、大义、正统的良好品质，这些都为他的家风注入了“厚德载物”的元素。

王船山誓死不与清朝合作，在当时的高压政策下，他都能够保持家族的正常存在，生生不息，靠的是什么？当然，与他隐居穷乡僻壤肯定有很大的关系。但不可否认的是，这也与王船山个人的人格魅力有关。正因为有厚德载物的根基，所以他的个人魅力深深影响和感染周围的人，甚至他的对立面官府也对他网开一面，还亲自上门拜访、慰问。由此，我们不难看出王船山家风中“厚德载物”的客观存在。

① 王德兰，等编．邗江王氏五修宗谱．1917.

第四节　船山家风特点之孝悌传家

王船山深受儒家思想的影响，“百善孝为先”在他的心里打下了深深的烙印。因此，他对父母、祖父，乃至祖宗都非常孝顺、敬重，经常告诫后人不要做数典忘祖之人。每当祭祀祖宗时，必诚心诚意、恭敬有加。王船山父亲本身就是一个大孝子，比如，他在衡山授徒教书时，闻听母亲病重，即使当时已是傍晚，即使从来也没有骑过马，但他依然借了一匹马，连夜赶往衡州城：“范孺人之疾革也，先君方授生徒于衡山。范孺人不欲先君之亟归，逮属纩，仲父方以信走报，犹讳言不测。寸已昏黑，就主人借一骏马，驰百里，丙夜抵家。先君体清羸，素不习驰，纵辔驰阴黑中，把火者不相及，卒无倾踬，闻者以为神助。及归已复魂矣，匍匐号血，水浆不入口者三日。范孺人以痰疾终，收所唾盂，藏之苫次，每捧以哭，殆于绝声。”[①] 一个人如果没有一颗滚烫的孝心，怎会冒着生命危险做出这等感人的事情呢？

王船山一直都提倡和强调“孝”的重要性。这从王船山为其父母所作的《显考武夷公行状》《显妣谭太孺人行状》可以看出。一个对父母不孝顺的人，是不可能写出如此情真意切的行状文的。王船山所作的《传家十四戒》也明显有“孝”的元素：“能士者士，次则医，次则农工商贾，各惟其力与其时。吾不敢望复古人之风矩，但得似启、祯间稍有耻者足矣。凡此所戒，皆吾祖、父所深鄙者。若饮博狂荡，自是不幸而生此败类，然其由来，皆自不守此戒，丧其恻隐、羞恶之心始。吾言之，吾子孙未必能戒之，抑或听妇言、交匪类而为之。乃家之绝续在此，故不容已于言。后有贤者，引伸以立训范，尤所望而不可必者，守此亦可以不绝吾世矣。”[②] 在中国几千年的传统文化中，“孝文化”是其中重要的内容之一。“孝”指的是晚辈对于长辈应该尊重恭敬，是做人的基本道德要求。无论是在古代还是在当今社会，以孝道来尊敬老人和教化后人，维系家庭关系的和谐无疑是非常重要的。王船山极为重视“孝”，《王船山先生年谱卷上》：“武

① 王德兰，等编．邗江王氏五修宗谱．1917.

② 王德兰，等编．邗江王氏五修宗谱．1917.

夷先生为逻者所得。贼质之以召先生兄弟。武夷先生欲自裁。石崖先生欲往救父出，而沉湘以死。先生力止之，而自剺面刺腕，傅以毒药，为重创状，舁至贼所，贼不能屈。次日，父子俱以计得脱，复往岳峰。”① 在张献忠攻陷衡阳另立政权时，听闻王船山兄弟才气过人，想拉来做自己的幕僚，可王家兄弟不愿为逆贼效力，便连夜外逃。张献忠没有找到王家兄弟，便把他们的父亲王朝聘抓来做人质，以此要挟王家兄弟前来就范。王船山知道父亲被抓后，心急如焚，为了不让父亲受折磨，用利器割伤自己的手腕，用毒药涂在自己的脸部，把自己伤成“残废人”，让人抬到张营来营救父亲。王船山这种用自残的极端方式来营救父亲，不仅有勇有谋，而且孝意感天。其情其景，不有“割股孝母”般的感人情怀吗？王船山这种伤己救父的行为，就是孝的最好诠释，是一种优秀的文化符号。王船山的孝不是偶然的，他是在传承父亲孝的精神。《家世节录》云：“每上少峰公、范孺人墓，酹酒泣下。耆艾之年，犹作孺子泣。岁时荐于寝，整衣鹄立，屏息摄足。茶醴之奠，必躬执焉。”② 由此可见王朝聘感天动地的纯孝之心。王船山的父亲武夷公王朝聘从小就受到家庭的严格教育，加上深受中华传统文化“百事孝为先”的浸染，一直以来，王朝聘不但对父母，即使是对没有血缘关系的老师伍定相，也一样孝顺有加，《显考武夷公行状》云：“岁丙寅，大疫，学父先生及舅氏小西公皆染疾不起，其家人子弟争匿避去。先君子独日夕躬省，不离床榻，执手以待瞑。”③ 连自己的家人都不愿意照顾生病的伍定相，可作为学生的王朝聘却义无反顾地悉心照料老师，因为“孝文化”已经融入他的血液之中。据王船山回忆，父亲王朝聘“终少峰公之世，有所呼召，未尝不称名以应。每加训诫，则长跽中庭，非命之起，至客至不起。已乃煦然，无少见颜色。少峰公卒，柴毁泣血。免丧，亲故乃不相识。”④ 可见王朝聘对父亲的赤诚孝心！父亲的至诚至孝，深深影响了王船山的一生。因此，在王船山家风中处处充满着“孝”的文化元素。

家庭关系内部的和谐关系着家庭的和谐与家族的兴盛，而保障着家庭

① 王夫之．船山遗书：第十五册．北京：中国书店，2016：298.
② 王德兰，等编．邗江王氏五修宗谱．1917.
③ 王德兰，等编．邗江王氏五修宗谱．1917.
④ 王德兰，等编．邗江王氏五修宗谱．1917.

成员之间和谐关系的除了血缘这条生理性的纽带，更需要守孝悌来维系。“悌”是“孝”的共生性标准，指的是年长者对于年轻者的礼让和爱护。“悌”的文化内涵与重要性早有记载，《说文》中指出，“悌，善兄弟也”。王船山的长兄王介之比王船山年长 13 岁，王船山从 4 岁开始与次兄王参之一道跟着长兄发蒙读书，受到这位长兄无微不至的照顾与谆谆不倦的教诲。《石崖先生传略》云：“仲兄（次兄王参之）稍长，同席受读，而仲兄病几痿，兄调护扶掖，啮指以受针艾，仲兄赖以愈，而卒以文章名南楚，无一非兄曲意怡声，亹亹讲说以成之者。若夫之狂娱无度，而檠括弛弓，闲勒逸马，夏楚无虚旬，面命无虚日者，又不待言。”① 可见，这位长兄对两个弟弟倾注了慈父般的爱心与关怀，不仅将几近瘫痪的大弟弟王参之全力治愈，而且将他教导成“以文章名南楚”的优秀人才；而且对小弟王船山的教育更是“面命无虚日”，对两位弟弟确实起到了父亲、兄长、教师的三重作用，兄弟情谊，感人至深。从字面意思来看，“悌”即敬爱兄长，友爱弟妹。要促进家庭关系的和谐有序，必然要教育后代忠诚孝悌，维护良好的家庭秩序和家庭气氛。王船山在家排行第三，因此，在王船山兄弟中，“悌”的表现是介之、参之对王船山的关爱，王船山对兄长的尊敬。王船山对晚辈的关爱之情也特别浓烈，其《示子侄》云：“前有千古，后有百世。广延九州，旁及四裔。何所羁络？何所拘执？焉有骐驹，随行逐队？无尽之财，岂吾之积。目前之人，皆吾之治。特不屑耳，岂为吾累。潇洒安康，天君无系。亭亭鼎鼎，风光月霁。……”② 我们仿佛看到一位睿智的老人在对后辈说：从时间上看，前有千古，后有百代，人在上下几千年的历史长河中，只不过是一匆匆过客；从空间上看，中国有九州，以及由我们中华文化蔓延影响的四方边远之地，地域宽广。我们岂能被一时一地所束缚？作为像千里马一般的有志少年，岂能像普通人一样而随波逐流？世上有无穷无尽的财宝，我们即使耗费一生的精力也无法全部得到，所以，我们应该不屑于追名逐利。做人就要潇潇洒洒，志存高远，举止得体，那样，心境才会像雨过天晴、风清月明一般明净……王船山对晚辈的期盼、教育、关爱之情显露无遗。

---

① 王德兰，等编．邗江王氏五修宗谱．1917.

② 王德兰，等编．邗江王氏五修宗谱．1917.

1686年，68岁的王船山已是年老体衰，百病缠身。听到来人报告兄王介之仙逝，他不顾自身年老体衰，拄着棍子步行十余公里山路赶往长乐为兄操办丧事。王船山对其兄王介之的逝世，曾发出这样无限深情的悼念与感叹：

不欲言者，无地之生人均也，我兄弟亦仅与人而为人也。贤且智，疏通而刚劲，倍蓰什百于我兄弟多矣。我兄弟所以自问者，非有殊绝不可及之事，而奈何沾沾以自言，且恐人之无或听也，则欲言而汗浃于背矣。不忍言者，使我兄弟前此而死，即幸而为士，又幸而食禄，亦与耕凿屠贩之人不相为异。天之不吊，乃使我兄弟若有可言者，是幸天之异以自异也，而忍乎哉？不能言者，我兄弟之苟延视息，哽塞如遡风，而终老死于荒草寒烟之下。不知者以为窭且贫，而不释热中之憾；即邀惠于知者，亦以为如是生，如是归，愚者之事毕矣。夫孰知我兄弟之戴眉含齿，抱余疚于泉台也。故置吾兄于箕山吹瓢、桐江垂钓之间，而兄不受；置吾兄于神武挂冠、华顶高眠之间，而兄亦不受。悠悠苍天，荡荡黄垆，抱愚忱以埋幽壤，吾兄弟之志存焉。①

这段话表达了王氏兄弟的人生观、价值观、生死观。王船山首先说明，作为人的一般资质来说，他们兄弟与普通人并没有什么区别。世界上比他们兄弟贤德聪明的人不知道有多少。他们兄弟可以自问无愧的并不是有什么“殊绝不可及之事”。他不忍说的是，如果他们兄弟在明末大动乱中死去而成为明朝的烈士；或者在明朝当官食禄，那与一般的种田人、屠户、贩夫也没有什么差别。老天没有夺去他们的生命，使他们兄弟还有一点可以为人说道的地方，“是幸天之异以自异也，而忍乎哉?”意即这是不幸中的万幸，哪里还忍言说呢？而不能对人说的是：“我兄弟之苟延视息，哽塞如遡风，而终老死于荒草寒烟之下”，并不是为了苟且偷生，而是有深意存焉。不知道他们的人，以为他们是贫穷褴褛之人；对他们有所了解的人，也认为他们这样生，这样死，作为故明遗老的事业就此终结了。谁能真正知道“我兄弟之戴眉含齿，抱余疚于泉台也!”所以，把他兄看成是“箕山吹瓢、桐江垂钓”的高傲的隐士，或者把他看成是追求高官厚禄、荣华宝贵的人，他都不会接受。“悠悠苍天，荡荡黄垆，抱愚忱以埋

① 王德兰，等编．邗江王氏五修宗谱．1917.

幽壤，吾兄弟之志存焉”。他们兄弟的高远志向只有悠悠苍天与茫茫大地知道。这也正如王船山在 72 岁高龄所作的《鹧鸪天》词中所说：“龟于朽后随人卜，梦未圆时莫浪猜。”① 也如他为其兄石崖公祠堂题联所云：“门外黄鹂啼碧草，他生杜宇唤春归。”

办完兄弟丧事回来后，王船山抑制不住感情，再作《孤鸿赋》一首，倾诉对兄的怀念：

偕喽睫以嬉旋，幸芳洲之缱绻，曾不知心魂隔乎异躯，而踪迹成乎疏远。已而六翮已长，睥睨青霄。我矜子佩，遵道齐镳。望云逵于万里，讵折翼于崇朝。商飙忽而戒旦，偕息驾以南还。菰蒋槁而调饥姑忍……，皆以鸿雁之往来，比昆弟之出处也。②

兄弟情谊，跃然纸上。

在传统家庭中，“孝悌”是调整不同家庭成员之间的关系的基本准则。王船山一向认为“孝悌”二字为治家之根本。王船山本人就是“孝悌”二字的践行者。王船山对父母、祖父，乃至祖宗都非常孝顺、敬重，经常告诫后人不要做数典忘宗之人。每年年节祭祀祖宗时，王船山都把它当作一件很庄重、神圣的事情去做，一定要沐浴修冠、恭敬虔诚去做好，生怕怠慢了祖先神灵，那是“大不敬”。王船山的两个儿子王攽、王敔，因非同母所生，故关系不是很融洽。因此，王船山经常教育王攽、王敔两个儿子：要齐心、要互爱，不要有异心，并把兄弟两人比喻一个人的左手、右手，两只手不能互撕，只有齐心合力、互相配合，才能做好自己想做的事情。由此可见，王船山非常注重家庭和睦，这也是其家风中“孝悌”的真实写照。

再如，从《邗江王氏六修族谱》中的《船祖寄弟侄书》，我们也可看到一位关爱家族的老人那颗滚烫的孝悌之心：

……愚于家族，素未能致一情，但养拙自守，不敢一丝刻薄得罪先人，今年已衰老，惟有此心。愿家族受和气之福，以贻子孙，敢以直言为吾宗劝戒，此尔弼指日二弟居尊长之位，所宜同心以修家教者也。和睦之道，勿以言语之失，礼节之失，心生芥蒂，如有不是，何妨面责，慎勿藏

① 王德兰，等编．邗江王氏五修宗谱．1917.

② 王德兰，等编．邗江王氏五修宗谱．1917.

之于心，以积怨恨。天下甚大，天下人甚多，富似我者、贫似我者、强似我者、弱似我者，千千万万，尚然弱者不可妒忌强者，强者不可欺凌弱者。何况自己骨肉，有贫弱者，当生怜念，扶助安生；有富强者，当生欢喜心，吾家幸有此人撑持门户。譬如一人左眼生翳，右眼光明，右眼岂欺左眼，以灰屑投其中乎？又如一人，右手便利，左手风痹，左手岂妒忌右手，愿共同瘫痪乎？不能于千人万人中，出头出色，只寻常自己骨肉相凌相忌，只便是不成人，戒之戒之。从前或有小事，动闲气，如往岁到官出丑，愚甚恨之，愿自今以后，长似昨在三兄柩前，和和顺顺，骨肉相关一般，一刀割断前日不好之心，听老夫此语，光明正大，宽柔慈厚，作一家风范，幸祖宗覆庇，无门户之苦，可不念哉。①

王船山以长者身份，告诫弟兄与众侄辈，家族要和睦发展才会欣欣向荣，千万不能心生怨气、互相斗气，这就是“孝悌”文化精髓在家庭中的具体表现。

综上所述，正是在传统文化的浸润下，基于家庭基因的传承，王船山家风中“孝悌传家”的特点非常明显，这是中国几千年来读书人家庭的共性，更是家庭和睦相处、兴旺发达的首要条件。试想，一个家庭如果没有“孝悌”元素，那将会是怎样的一幅景象？没有亲情、没有温存、没有笑声、没有生气，家庭怎会变得欣欣向荣、兴旺发达、令人向往呢？同样，没有“孝悌”元素的家庭，其家庭成员也会被邻里人鄙视、看不起，更不会有什么大的出息。因此，“孝悌传家”不只是船山家风的特点，更应该是普天下所有家庭的共识，大家都要传承好。

第五节　船山家风特点之安贫乐道

《后汉书·韦彪传》：“安贫乐道，恬于进取，三辅诸儒莫不慕仰之。”“安贫乐道”就是安于贫穷的境遇，乐于奉行自己信仰的道德准则。中国古代修道人很多，那些安贫乐道者，从外表上看很清瘦、清贫，但他们的内心却很充实、富有，过得潇洒自然。这需要一种超脱常人的心境，在清贫的状况下才能做到“乐道”。因此说，安贫乐道是修道人的一种生活状

① 王庸梯，等编．邗江王氏六修族谱．1995.

态，更是一种人生境界。王介之、王船山兄弟俩就是这方面的典型。自食其力、安贫乐道，做一个正直、善良、不贪钱财的人。王船山在《石崖先生传略》中说："我兄弟之苟延视息，哽塞如逆风，而终老死于荒草寒烟之下。不知者以为窭且贫，而不释热中之憾；即邀惠于知者，亦以为如是生，如是归，愚者之事毕矣。夫孰知我兄弟之戴眉含齿，抱余疢于泉台也。故置吾兄于箕山吹瓢、桐江垂钓之间，而兄不受，置吾兄于神武挂冠、华顶高眠之间，而兄亦不受。悠悠苍天，荡荡黄垆，抱愚忱以埋幽壤，吾兄第之志存焉。"① 充分体现了王介之安贫乐道的精神。王船山在他的《传家十四戒》中说："勿嫁女受财，或丧子嫁妇尤不可受一丝。"② 王船山就是要告诫后人不要两眼只有钱，要有志气和节操。尤其是他僻居深山老林，过着与世隔绝的生活时，潜心著学，穷到连写书的纸稿都没有了，仍然咬牙坚持，甚至拒绝清朝官员的馈赠，其精神令人敬佩。

躲进草堂，潜心著说。清顺治十七年（1660），王船山定居衡阳县曲兰镇败叶庐，《王船山先生年谱卷上》记录了败叶庐的简陋："春，居续梦庵。三子勿幕殇。徙居湘西金兰乡高节里，卜筑于茱萸塘，蓬檐竹牖，植木九柱，编篾为壁，初造小室，名曰败叶庐。"③ 王船山在这简陋的败叶庐一住就达 15 年之久，直到 1675 年搬迁到湘西草堂。当时的湘西草堂也是普普通通的茅草房，仅以茅草、竹片、烂泥等易取材料构建而成，据《船山遗书》记载："蓬檐竹牖，植木九柱，编篾为壁，茅堵窗楹，少容几杖。"④ 湘西草堂建成后，他自题诗云："新买茱萸半亩塘，苔侵床足月侵墙。"由此可见，当时王船山家里条件是何等简陋，但他却生活得有滋有味，悠然自得。

湘西草堂的简陋，见证了王船山晚年生活的窘迫，也与他遁世隐居的身份是契合的。僻居乡野的湘西草堂，是王船山安贫乐道的最好写照，也是他生命中的最后一站，直到清康熙三十一年（1692）病卒于此。王船山就是在这样简陋的生存空间，孤灯残火，潜心著述，写下了诸如《五十自定稿》《六十自定稿》《周易大象》《礼记章句》《庄子通》《说文广义》

① 王德兰，等编．邗江王氏五修宗谱．1917.
② 王德兰，等编．邗江王氏五修宗谱．1917.
③ 王夫之．船山遗书：第十五册．北京：中国书店，2016：455.
④ 王夫之．船山遗书：第十五册．北京：中国书店，2016：455.

《周易内传》《周易内传发例》《读〈通鉴〉论》《噩梦》《四书笺解》《读四书大全说》《思问录》《张子正蒙注》《诗广传》《尚书引义》《春秋家说》《南窗漫记》《宋论》《诗经稗疏》《夕堂永日绪论》《识小录》《七十自定稿》《诗绎》《楚辞通释》《相宗络索》等皇皇巨著，了此一生。其间，在他71岁时，清廷官员仰慕船山的才气来拜访这位大学问家，想赠送些吃穿用品给他。《王船山先生年谱卷下》记载："偏沅抚院郑公端属衡州府知府崔公鸣鹫馈帛粟请见。公受粟返帛，以疾辞不见。潘撰传：吴逆既平，我大中丞郑公端闻而嘉之，属郡守崔某馈帛粟请见。先生以病辞，受其粟，返其帛。未几，卒于石船山。"① 此时的王船山，因为拒绝给吴三桂写"劝进文"，被大中丞郑端知道了，认为其有骨气，加之其贫困交加，于是安排衡州知府来上门慰问。但王船山认为自己是明朝遗臣，以病为辞，拒不接见清廷官员，虽然最后接受了可以吃的小米，但是没有接受穿的布料，由此我们可以推断：其一，王家实在是困难，穷到连吃饭都成了问题，为了维系生计，所以接受了小米而退回了布料；其二，人家毕竟代表政府来慰问，又没有其他的要求，不得罪就能保平安，这也是给知府的一个面子，避免给自己家族带来不必要的麻烦，所以接受了部分慰问品。

再如，章旷同王船山交谊很深，章旷的儿子章有谟既是王船山的高足，又同王船山有过患难之交，因此，两人关系非常亲密。曾经有一次，章有谟到衡阳来拜访、探望船山，他们"夜谈至鸡鸣"，从中也可以看出他们之间的"酒逢知己千杯少"的促膝长谈的情谊。可以说，章有谟是王船山最尊贵的客人毫不过分，可是王船山能拿出来招待这位远道而来的贵客的食物，仅仅是衡阳当地山野田间最常见的蕨类素菜，根本拿不出什么大鱼大肉，晚上照明用的只是山中采拾的干藜枝，而不是民间家用的桐油灯。王敔在《大行府君行述》中记载："公子（有谟）南游阻道，亡考延于山中，尽共食蕨，夜共燃藜，以所注《礼记》授之，夜谈至鸡鸣。"② 王船山在生活如此贫苦之际，遇有朋友来访，兴致很高，彻夜长谈。如果一个人没有很好的精神状态，是无法做到这一点的，由此更印证了王船山"安贫乐道"的心态。

---

① 王夫之．船山遗书：第十五册．北京：中国书店，2016：477.

② 王庸梯，等编．邗江王氏六修族谱．1995.

明朝灭亡以后，王船山曾遁迹于常宁、湘乡的深山之中，钻窑洞，饮林泉，过得十分艰苦。后来他回到衡阳石船山下，筑建了一间茅房，竹篾做墙，墙壁是烂泥糊成，家中也只有一张桌子、几条凳子。因是茅草房，随着时间的推移，墙壁开裂、房顶漏水的现象频频出现，可就是在这样的环境下，王船山写出了许多的文章和书稿，真是到了“咬定青山不放松”“任尔东南西北风”的忘我境界。难道这不是他“安贫乐道”的真实写照吗？

王船山儿子王敔也说过：“父亲‘饥寒交迫’‘贫无书籍，纸笔多假之故人门生。’”① 其家风清贫乐道跃然纸上。可以证明其家风特点的还有王船山在三十八岁作《〈黄书〉后序》时以及在六十九岁时写给侄儿的信中也分别说过“悲懑穷愁”和“我家穷”之类的话。王敔也向学生叙述过王船山的情况：“严寒一敝麻衣，一褴袄而已，厨无隔夕之粟，因为常宁诸从游者说《春秋》以给晨夕。”② 最后穷到连写书用的纸都是学生赞助的。由此可见，当时的王家真的是非常贫穷。但是，在这样艰苦、恶劣的环境下，王船山仍然坚持著书立说，这不能不说王船山是一位了不起的大家！这也是其安贫乐道的家风的最好体现。

晚年的王船山，即使风云晦暝，即使家贫如洗，即使重病难支，仍然一如既往将生死荣辱埋于青灯黄卷中，就算“手不能砚，指不能笔”③，也从不中断自己的著书立说，这没有强大的安贫乐道的心理准备，如何能坚持下来呢？

隐居本身就是甘心过着清贫生活的实践表现。试想一下，僻居深山老林之中，条件险恶，不与外界接触，生活怎会丰富多彩？只有具备遁世的恒心和毅力，以及准备承受苦难的决心和信心，才能做到忘我投入、心如静水、清贫乐道、我心依旧。所以说，“安贫乐道”是船山家风的又一特点。

湖南师范大学的王泽应教授对王船山的“安贫乐道”精神给予了新的解释。他说，船山在败叶庐、观生居和湘西草堂的艰苦著述，并不图任何

---

① 王庸梯，等编．邘江王氏六修族谱．1995.
② 王庸梯，等编．邘江王氏六修族谱．1995.
③ 王庸梯，等编．邘江王氏六修族谱．1995.

当下利益，历史和社会也没有赋予他责任和使命，他之所以要去探寻中华文明未来的复兴之路及其内在机理，完全出于一种理性的自觉和个体对中华文明的担当，是孔孟儒家“士不可以不弘毅”的责任伦理和“朝闻道，夕死可矣”的信念伦理的双重激励使然。虽然“灯光半掩堆书卷，砚滴欲哭注药瓶”的著述生活凄苦而悲凉，但是王船山心中始终怀抱着筑梦的精神快乐。

第六节　船山家风特点之不信僧道

王船山是一位伟大的思想家、哲学家。他强调“气一元论”，认为气是唯一实体，不是“心外无物”，天地间存在着的一切都是具体的实物，一般原理存在于具体事物之中，决不可说具体事物依存于一般原理。王船山还认为“形而上”与“形而下”虽有上下之名，但不意味着上下之间有界限可以分割开来。从知识的来源上看，原理、规律是从对事物的抽象而得来的，因此，应该是先有具体形器，后有抽象观念。道家佛家都把“虚无”视为无限和绝对，而将“有”视为有限和相对。王船山认为这把相对、绝对的关系弄反了，在他看来，“有”是无限的，绝对的，而“无”是有限的，相对的。他说，人们通常讲无，是相对于有而言，就像相对于犬有毛而说龟无毛，相对于鹿有角才说兔无角。所以，讲“无”只是讲“无其有”。他认为，废然无动、绝对的静即熄灭，这是天地间所没有的。王船山还说，“动而成象则静”“静者静动，非不动也”“动而趋行者动，动而赴止者静”。王船山的这些话表明：静止里包含着运动，静止是运动在局部上的趋于稳定而成形象的暂时状态，所以静止的东西不是凝固的，而是生动灵活的。所有这些理论，有力地证明了王船山是一位“无神论者”，更是一位哲学家，因此，他不可能像普通人一样迷恋鬼神、相信命运。

王船山不信僧道，也与父亲的影响有很大关系。《家世节录》云：“甲申岁，以寇退遗骴满野，募僧拾而瘗之，并使修忏摩法。仍曰：‘此自王政掩胔骼之一事，顾今不以命之僧。吾惧仆佣之狼籍也。已属之矣，固不容执吾素尚而废其事。此亦神道设教之意，汝曹勿谓我佞佛而或效之。’”①明末甲申年，由于农民起义的大战乱，王船山家乡出现了尸横遍野的惨象，王朝聘曾募僧人收尸掩埋并念经超度，并为此曾作了专门解释，说明他并不是相信佛教，而是因为尸首腐朽狼藉，不忍心叫一般人去收尸，不得不募请僧人，既然请了僧人，就不得不按他们的教规去办事，“此亦神道设教之意，汝曹匆谓我佞佛而或效之”。这充分说明了他对佛教、道教的态度。由此我们可以知晓为什么王朝聘“雅不与佛老人游，曾共释憨山、德清谈义，已闻其论，咈然而退。终身未尝向浮屠、老子像前施一揖”。这种态度直接影响着王船山也不信僧道。王船山一生不遗余力地排佛、批老，建立起坚实的唯物主义与无神论的思想体系，与这种家学渊源是一脉相承的。

王船山不信僧道，不迷信，在他作的《传家十四戒》中更有明文规定：勿以子女出继异姓及为僧道；勿听鬻术人改葬；勿习拳勇咒术；勿作师巫及鼓吹人；勿立坛祀山跳神。

这五条明确表明了王船山的僧道观，从中显而易见他是一位真正的无神论者，也显示了他作为一个哲学家的睿智——不相信迷信。作为伟大的思想家、哲学家，王船山坚持自己的学术理论，将天理天道、人心人性等问题勾连起来，使哲学跳出了书斋一隅而进入大千世界，开启了以物质的视角、实践的方式理解世界、改变世界的路径。“经世致用”“知先行后”“天下唯器、道不离器”等理论的提出，就是王船山科学的处世态度和习惯。显然，不信迷信，这也是船山家风的特点。因为，在中国普通百姓家庭中，很多家庭都敬菩萨，希望菩萨保佑。而王船山家在这种大环境下就像是个异类，不信这些，实在是可敬可佩。因此说，不信僧道是船山家风特点之一。

在衡阳县栏栊乡东井村至今流传着王船山“双脚抖神坛”的故事：原来栏栊乡东井村跟大多数地方一样，在丧事习俗中逝者棺材的放法是头朝祖宗牌位，脚朝着大门口，这样吊唁者跪拜的时候，也是面对祖宗牌位的。可王船山来到此地后，却要求村民改变这种丧葬习俗，把逝者的头部

---

① 王德兰，等编．邗江王氏五修宗谱．1917.

朝着大门口，双脚对着祖宗牌位——让祖宗醒醒，多保佑在生的子民。①从这个改变可以看出，在王船山的心里，根本不相信有什么鬼神存在，是各人心理的一种精神寄托罢了。现在，栏栊乡东井村还保留着这种丧葬习俗。

另外，王船山的好友方以智（南明亡后，方以智隐居江西青原山，法名弘智）曾经想邀请王船山遁入佛门，说，既然“松堕竹凋”（意指明朝已经灭亡），不如另寻出路，从此浪迹天涯②。方以智的一番好意被王船山婉然拒绝。他拒绝方以智的“逃禅”邀请，跟王船山根本不相信僧侣有很大的关系，因为他认为，遁入空门就是逃避现实、消极避世，于国于家都没有好处，这是他不愿去做的。

在王船山晚年居住的湘西草堂门前，左右有王船山亲手栽种的柏树。按照传统观念，门前是不能栽种柏树的，只有坟墓前栽种柏树。但王船山就不信邪，不迷信，在家门口栽种了两棵柏树。至今先生已逝，但柏树仍在，守护着先生不迷信的可贵精神。

时至今日，我们深入船山后裔家中采访，给我们留下最深印象的就是整个家族一直以来都不信僧道，这在今天的农村中实属不易。凡是王氏后人办丧事，都不请僧、道到场，不念经、不开路，甚至不烧草纸。不信僧道，已经成为王氏家族的家风特点之一。

第七节　船山家风特点之诗书持家

首先，从王宁开始到王船山这一代，王家都是诗书传家，属于书香门第，因此，读书人成为王船山的经典标签。其次，王船山在生活艰难之际，从事过教书先生的职业，带徒授课，著书立说。《船山悟道——一位思想家的行与思》说：“在西庄园的三年，先生只做了两件事情：教书和写作。……为了生计，在友人的帮助下，王船山第一次开馆授徒。此后，

① 肖立建，林新华．船山悟道——一位思想家的行与思．长沙：湖南大学出版社，2019：291.

② 肖立建，林新华．船山悟道——一位思想家的行与思．长沙：湖南大学出版社，2019：241.

‘教书’成为他养活自己及家人的主要谋生的手段。”[①] 最后，王船山的小儿子王敔也子承父业，在家乡衡阳曲兰一带当教书先生。《邗江王氏六修族谱》中《王敔公行述》云：“筑小室于湘西草堂之侧，名曰蕉畦斋，日则课人，夜则课已，勤读十三经、二十史，及朱张遗书，乃抄乃练，虽腕不胜砚，指不胜笔，犹力疾而争之。”[②] 一个家庭中，出现了子承父业的教书职业，从家庭摆设到行为方式，自然与“教书先生”的标签分不开，带有沁人心脾的书香味，无不渗透着文化的气息。因此，家风中必然会有明显的“诗书持家”特点。

既然是教书先生，就必有其教书理论。王船山说“习成而性与成”，这对后代人的影响十分久远，直至近现代。王船山专门对“习与性成”这个论断作了较详细的阐述。他说：“习与性成者，习成而性与成也!”[③] 也就是说，习与性成的意义是指出习的形成是和性的形成联系在一起的。又说夫性者生理也，日生则日成。在这里，虽然他把“习”完全抛开是不对的，但却指出了“习”与“性”成的一个重要意义——日生日成的人性观。他用日生日成的比喻说明人的性能并不是一生下来就定终身的，而是在从生到老的发展变化中逐渐增益变化的。在他看来，习惯的养成与性格的形成是密不可分的，性的完善、性格的形成都依赖于习惯的养成。因此，王船山非常重视道德品质和行为习惯的养成。

关于道德修养和习惯养成，王船山提出了一些有益的思想。他认为，立志是道德修养的首要环节和重中之重，一个人的道德修养水平的高低取决于其志向是否远大而坚定；人生的过程也就是一个继善成性的过程，要自强不息。继善成性的过程也就是一个依赖于学校教育、家庭教育和社会教育的过程，要精心于教，警心于政。这样，它既赋予了教育以真实的社会意义，又向社会提出了教育的重要地位。

此外，王船山主张教师对学生必须实施因材施教。这是因为每一个学生的素质和才能都是有所差异的。所以教师的教学是不能从自己的主观愿望出发的，必须考虑到学生对象参差不齐的客观实际，“各如其量”地进

---

① 肖立建，林新华．船山悟道——一位思想家的行与思．长沙：湖南大学出版社，2019：220.

② 王庸梯，等编．邗江王氏六修族谱．1995.

③ 王夫之．船山全书：第六册．长沙：岳麓书社，1988：9621.

行施教，切忌形式主义的一个模样儿对待，才不致犯错误。“君子之教因人而进之，有不齐之训焉。……以人言之，始则视其质，继则问其志，又进而观其所勉与其所至，而分量殊焉。……斯造就人才之深心，不得不出于此，而岂一概之施，成乎躐等之失也哉。”① 因此，王船山在教学法理论上提出一个“教之多术”的新鲜见解，这是对中国古代“因材施教”教育思想的重大发展。他认为，教师必须了解自己的学生，必须根据学生“刚柔敏钝之异”的个性特点对他们实施因材施教。而且学生各有所长，也各有其偏，教师要善于导人之长，补人之短。

王船山重视对儿童进行早期教育。父刚母柔，教养道合。家长如何对儿童进行适度的教育，王船山认为，“父刚母柔，教养道合，故得上九克家之子”②。在教育子女的态度上，父应刚严母应宽柔，这样才能教养出“克家之子”，即能昌大家族传统的年轻一代。王船山尤其强调“父刚”在儿童教育上的特殊意义。父亲对儿女的教育应以刚严为根本的指导原则。王船山所说的“母柔”，并非溺爱之意，在母柔中仍含有刚严的因素。他认为，儿女衣食住行等习惯的培养，母亲实际上负有最大部分的责任。

王船山的这些教育思想，是他多年的教育实践得来的。在他的政治抱负流产后，王船山开始了教书、著书立说，这与王船山本身是一个大学问家是分不开的，也与王船山“六经责我开生面”的创新精神分不开。王船山的这些教育理论，根植于他的家庭环境与氛围中，所以说，王船山家风“重教育”的基因特别明显。下面略举几例，以证明王船山家风中“诗书持家”的特征：

1652—1654 年，王船山携家属隐居于邵阳大云山之侧的老梅冲，在当地富绅罗从义家开馆教书育人。经过一系列的变故后，王船山选择隐居于老梅冲，这是有原因的：第一，老梅冲与王船山哥哥王介之居住的长乐耐园路途不远，只需半天时间便可到达，方便来往；第二，老梅冲处于深山中，人迹罕至，便于隐居，不易被清兵发现；第三，老梅冲的主人罗从义跟王介之是朋友，且家中富足，家中子女需要有人来教育、培养；第四，作为一介书生，王船山实践救国已经失败，他只能用自己的嘴、手中的笔

① 王夫之．船山全书：第七册．长沙：岳麓书社，1991：462—463.

② 王夫之．船山全书：第一册．长沙：岳麓书社，1988：103.

来教书育人、著书立说。因此，在罗家开馆教书是他当时养家糊口最好的选择。①

1654—1657 年，王船山离别老梅冲，拖家带口来到常宁洋泉西庄园隐居，在六合寺讲学授徒。在六合寺讲学期间，王船山还以诗会友，结交了许多文坛好友，他们经常在一起吟诗作赋。因为影响较大，王船山被推选为当时常宁文坛的领袖。②

1657 年，王船山举家回到南岳续梦庵，继续授徒治学。在此期间，他结识了家有藏书 6000 册的刘近鲁。刘家丰富的藏书为王船山教学、写书提供了十分宝贵的文献资料，两人也因此结下了深厚情谊，最后还结为了亲家，即王船山的儿子王攽娶了刘近鲁的女儿。③

通过以上事例，我们可以这样理解：作为教书先生，王船山平日里与书打交道最多，甚至一天全都在与书打交道，家中最常见、最常用的东西就是书，这也是读书人最主要的生活方式。因此说，船山家风中书香四溢，我们说他是“诗书持家”一点也不为过。

第八节 王船山家风形成的原因分析

一个家庭，尤其是一个延绵传承了几百年的望族家庭，肯定有其鲜明的家风特征及其传承的原因。船山家风的形成也不例外，它也是经过近 300 年的浸润、积蓄而成的。

第一，家世传承。王氏历代祖先都忠于职守，忠介廉洁，刚直不阿，虽是功勋之家，世袭高级武官，门第显赫，但没有骄奢淫逸之风，没有出过纨绔子弟，更没有违法犯科之人。特别是从第七代一山公转武习文之后，更是“以文墨教子弟”，成为儒学传世之家。由《家世节录》可知，王船山为王氏家族第十一代传人。其先祖骁骑公王仲一为第一代始祖，生

① 肖立建，林新华．船山悟道——一位思想家的行与思．长沙：湖南大学出版社，2019：174—176.

② 肖立建，林新华．船山悟道——一位思想家的行与思．长沙：湖南大学出版社，2019：218—220.

③ 肖立建，林新华．船山悟道——一位思想家的行与思．长沙：湖南大学出版社，2019：231—234.

于元末时期，行伍出身。王仲一带领众兄弟参加朱元璋领导的农民起义，起义成功后，王仲一官居山东青州左卫正千户，其弟王仲二、王仲三分封长沙、衡州二卫指挥。因此说，王氏因行伍起家，战功显赫，多次被朝廷嘉奖，并世袭爵位。王氏家族一直以来沐浴着皇恩浩荡，因此“忠君爱国”是王氏家族的显著标签。王氏一族，从第一代王仲一始，到第六代王震止，尚武不止，都是凭借世袭武官官职维持家计。而到了第七代传人王宁，才开始文墨治家。王氏第八代传人王雍，为人仁慈、忠厚，特别注重人伦长幼之分，一生埋头于自己的事业，从不过问家中任何事情。至王船山的祖父少峰公王惟敬，更是品德高尚、重义疏财。他不仅将家产让给弟弟王惟炳，而且“终身不见一长吏，亦不襒裾于富贵之门”，具有陶渊明般的高洁淡雅；“遇人有不可者，面折无讳，而姻党敬爱，生平如一日”。少峰公对子弟教育甚严，平时教三个儿子读书时“每秉灯对酒，置笔砚座隅，令著文艺，恒中夜不辍”。王船山的父亲王朝聘，笃孝、重义、节高，师从著名学者伍定相，博览群书，才华横溢，但仕途坎坷，为人正派，不愿行贿买官，这些都给了王船山深深的影响和感染。王船山母亲谭老孺人，出生于书香世家，从小就接受了“三从四德”的礼制教育，对待公婆极尽孝意，有一颗大度的心，重情重义，给家庭营造了浓浓的亲情味，让每一个人感受到了家的温暖，是一位典型的贤妻良母。所有这些家族传承，逐渐形成了王船山家风中的“忠君爱国”“厚德载物”“孝悌传家”“诗书持家”的家庭基因。

王氏家族历来崇尚德业相劝、过失相规、礼俗相交、患难相劝的传统，坚守“崇志节，尚气谊，奉公思法”，坚贞爱国。从王船山父亲、兄长及王船山本人来看，他们一直都努力遵循着“忠”的本分，从反清复明的衡山起义，到坦然面对逆贼张献忠的威逼利诱而不屈服，再到拒绝给吴三桂写劝进表，无不显示了他们一家忠贞从道的优良品质和家风。尤其是王船山，为了事业和理想，从来不为利禄所诱，不受权势所压，就是历尽千辛万苦，也矢志不渝。他参加了一系列的反清复明斗争，在这些斗争失败后，才隐居湘西草堂，潜心著书立说。其间，他生活穷困潦倒，连写作的纸、笔都要靠朋友周济，然而当清廷官员慕名来拜访他，想赠送些吃穿用品给他时，他却认为自己是明朝遗臣，拒不接见清廷官员，还写了一副对联：“清风有意难留我，明月无心自照人”，以表自己的高尚情操。

综上所述，王船山祖传的“忠君爱国、崇尚礼制、忠厚传家、治家严谨、重视诗书”的优良家风一脉相传。

第二，王船山的言传身教。王船山出生在“忠君爱国、崇尚礼制、忠厚传家、治家严谨、重视诗书”的家庭，从小沐浴着良好家风熏陶，养成了良好的生活习惯，形成了忠厚、正直、坚贞、爱国、尚文、重礼的优秀品质，这为他成为一代名人积累了厚实的家庭基因。王船山继承了王氏祖传家风，坚持耕读持家，治家非常严谨。告诫子孙后代不要做酗酒滥赌狂妄之徒，要心怀恻隐之心、羞恶之心，恭谨宽仁，“则若饮博狂荡，自是不幸而生此败类”，语气是如此之硬，决心是如此之大，家风严谨，可见一斑。王船山一生的坚持与执着，给他的子女和家人深深的教育和感染，所以船山家风代代相传。

第三，王氏后裔的恪守。自王船山的儿子起，代代都遵循船山家训和《传家十四戒》的要求去做，清楚地知道哪些能做，哪些不能做，做一个自食其力、安贫乐道，正直、善良，不贪钱财、不信鬼神的人，重视耕读务本，不做酗酒滥赌狂妄之徒。因为王船山不与清朝合作，自诩为明朝遗民，所以，在清朝的高压政策中，复明无望，王船山认为他的后人只有老老实实做一个不起眼的山野村民，才不会受到朝廷的迫害和杀戮，王氏血脉才会延绵无期。正因为如此，王氏后裔严格遵守船山家训，传承船山家风，所以他们中大部分人都以务农为生。我们从《传家十四戒》可以看出，王船山确实是高人，不同凡响。一般的人都希望自己的后人成龙成凤，都有出息，或做高官，或成富贾。可王船山却希望他的后人做一个正直、本分的普通人，不求大富大贵，只求安身立命。正如王船山所愿：希未之来者，恭谨宽仁，安防危治乱，道守国法和祖训，尤须耕读务本，勤俭持身，技能济世，积德延年。

第四，重视文墨起家，坚持诗书传家。王船山一脉，自第七代王宁公起，开始重视习文报效国家。一般而言，武将得到重视，都是因为国家处在不太平的特殊阶段，到处需要武将们冲锋陷阵、建功立业、保家卫国。和平稳定时期，国家更需要文臣治国，大力发展国家经济、文化，因此，文官自然更受重视。而且，一直以来，“学而优则仕”是广大普通百姓进入仕途的最高准则和理想。王家也是一样，从王宁开始，注重“诗书传家”，至王船山这一代已经过五世累积，奠定了深厚的家学基础，在经学、史学、文学方面都达到相当高的造诣，而且这种学术研究始终与国家的命运、民族的兴衰联系在一起，充满着求实致用、经世济民的现实关切，在这样的家学渊源与文化积淀中培育出像王朝聘、王介之、王船山等这样的大学问家的现象，并不是偶然的，而是有着厚重的文化基因和家庭基因的。所以说，船山家风中“诗书持家”特点显而易见。

第五，隐居生活的历练。现实原因导致王船山流离失所，生活艰难。在反清复明斗争失败后，不甘于接受清朝统治的他，自然是清朝的通缉对象。选择隐居，是他不得不面对的现实问题。于是，他避居过南岳续梦庵、湘乡老梅冲、常宁西庄园、金兰高节里等地方。在这些偏僻的地方，一介书生，能做什么？为了养家糊口，他只有用心中的学问去换取每天家中所需的生活开支。王船山被打上了“教书先生”的标签，诗书持家是他家的显著特征。王船山在教书期间，虽然生活艰苦一点，但他有大量时间去思考、总结明朝覆亡的教训，思考中国传统文化的发展未来，思考民族复兴的路径选择等问题，这对他潜心著述起到了促进作用，是很有帮助的。所以，他能够忍受这种艰难的生活，做到真正意义上的“安贫乐道”。

第四章　船山家风传承

第一节　船山儿子王攽、王敔与家风传承

王攽，字易功，是王船山与原配陶夫人所生的，出生于明崇祯十七年（1644）。当他两岁时，母亲陶夫人就去世了。王攽的妻子是衡阳刘近鲁之女。刘家在小云山下，家有藏书楼，藏书数千卷。王船山常到刘家看书，他们既是好友，又是儿女亲家，彼此的友谊是很深的。相关文献、王氏族谱中关于王攽的记载虽然不是很多，且他留下的作品也屈指可数，但仍见王攽留有的《诗经释略》和散见于王氏族谱中的几首五律。《邗江王氏五修宗谱》收录了王攽的三首诗作，摘录如下：

《谒祖坟诗》①

其一

（丁巳冬，同族众扫东洲上祖坟，并哭拜先孺人冢。颁甫二岁满而先孺人卒）

小舟沿宿奔，故岸记相寻。风雨杯前泪，泉台膝下心。芸香怜台冷，剑气看苔侵。弱羽悲鸣苦，述愁早自瘖。

其二

（先王父母墓在南岳）

贤候铭旧德，祖志遗□寻。湘水前人带，岳云后嗣心。市岚山气澹，岸苇晓霜侵。遗叶谁能茹，来兹念我瘖。

其三

生小从离乱，荒丘近可寻。碑存当日碛，泪识迩时心。石马何年立，

---

① 王德兰，等编．邗江王氏五修宗谱．1917.

□封保勿侵。死生无限类，毕哭奈声瘖。

这些难见的作品，都是王攽为祭拜他母亲和祖宗而作的，情思凄婉，悲恻动人，可见他还是有些诗才的。从这些作品中，我们可以看出王攽坚守了船山家风中“诗书传家”“孝”的传承，这也与王船山平时的教育、影响密不可分，更是船山家风的具体传承。王攽他生有四个儿子，皆薄有功名，后代亦较为繁衍。今天，我们所接触的船山后裔，全部都是王攽这一脉开枝散发的。

王敔，名虎止，别名蕉畦，清贡生，任候选训导，是王船山与继配郑夫人所生的。王敔本是王船山的第四个儿子，因长名勿药，早夭，次名攽，业农，三名勿幕，八岁亡，故王敔成为王船山的小儿子。王敔小的时候家中就已经非常贫困，据《邗江王氏六修族谱》中《王敔公行述》记载：

家徒壁立，佐先考，勤素业，慎交游，薄田不给，饘粥而勉终之，蓄学能文，卓然有当世之志，其祖老家，素雄于资，楞蒲百万，清歌束绫，至明亡而溢尽，公无寸丝粒粟以自持，遇食于戚友间，大依以授生徒而自给。首先筑小室于湘西草堂之侧，名曰蕉畦斋。日则课人，夜则课己，勤读十三经二十史，及朱张遗书，乃抄乃练，虽腕不胜砚，指不胜笔，犹力疾而争之。王敔年过半百才获得清康熙五八年度贡生，在图取功名之道路上，可以说是极其曲折。不过王敔善于词章，与邵阳王元复、汉阳王戬齐名，号称“楚阳三王”①。

王敔早年师从当时著名的大学问家潘宗洛先生。王敔深受王船山的亲身教导和家庭影响，从小好学不倦，窥时度势，立志进取，以祖风的“崇志节，尚气谊，奉公思法”为追求目标，坚守儒家文化阵地，从而深受潘宗洛的喜爱。王敔生平著有《蕉畦字溯》《蕉畦存稿》《笈云草》《怀音草》等遗书。

正因为这层师生关系，王敔恳请潘宗洛先生为其父的遗书《思问录》《正蒙注》《庄子解》《楚辞通释》等作传。潘宗洛读了王船山的这些著作后，深受震撼，被王船山的博大精深之理论深深折服，欣然为之作传，并将王船山的遗书极力向朝廷的四库馆推荐，才有了船山遗书向世人展现其

① 王庸梯，等编．邗江王氏六修族谱．1995.

瑰丽光芒的机会。因此说，王敔较兄王攽，学问上要大得多，在船山家风及船山思想的传承方面，比王攽的贡献要大，在“安贫乐道”“重教育”“崇道传经”等方面做得更好，尤其是在传播船山思想方面，更是立了头功。王敔是《邗江王氏原修宗谱》［康熙辛巳四十年（1701）］首修的发起人、负责人，《邗江王氏五修宗谱》目录里有王敔撰写的《凡例》、《家型纂述》、《姜斋公行述》、《尔弼翁八十、九十寿诗》各一首、《尔弼翁行乐图赞》、《彦昇公行乐图赞》、《湘西草堂记》、《钟铭》、《世系诗》、《感怀诗》、《告竣文：原修祝文》等文章。可见，王敔对王氏族谱的传承做了大量的工作，付出了辛勤的汗水。族谱最重要的作用就是记录祖先的历史成就和终身事迹，让后人铭记、学习、传承。所以说，王敔在这方面的贡献就是传承了王船山的家风。正是因为王敔的坚持、传承，王船山思想才得以被发现、被传播、被接受。

王敔之妻刘氏，出生书香门第。其父刘象贤，湘乡虎塘人，当时湘乡有名的雅士文人。王刘氏贤惠淑德，自少耳濡目染父翁之间的深厚情谊。嫁入王家后，她经常帮助夫君王敔整理王船山生平行迹，抄录王船山手稿。得益于王刘氏的抄录、收藏，大部分船山遗书得以保存，刊行于世，使王船山被世人所推崇。因此说，王船山能走向全国、走向世界，首先要感谢他的儿子、儿媳的辛苦努力。

至于王敔对于船山家风的传承，我们从《邗江王氏六修族谱》的《王敔公行述》也可看出，他以祖风的“崇志节，尚气谊，奉公思法”为追求目标，坚守儒家文化阵地，尤其在“安贫乐道”“重教育”“崇道传经”等方面深受父亲言传身教的影响，传承得更好。

《王敔公行述》

王公讳敔，名虎止，别名蕉畦，清贡生，任候选训导。自先人由太原受族以来，中衰无传，溯祖父武夷公而上，十世祖骁骑公讳仲一，始可系述。

骁骑公为直隶扬州府高邮州人，元末起兵从高皇帝定中原，参功授世秩骁骑公，配冯宜人，生轻车公讳全，以靖难功擢怀远将军轻车都尉，世衡州卫指挥同知，遂籍于衡。

公祖父讳朝聘，字逸生。先考名夫之，字而农，别号姜斋，以身逢乱世，爱国无门而潜心著作，匿居于石船山下，后之学者称为船山先生云。

公兄弟有四，长名勿药，早夭；次名攽，幼业儒，老业农；三名勿幕，八岁亡；公乃其季者也。幼时家徒壁立，佐先考，勤素业，慎交游，薄田不给，饘粥而勉终之。蓄学能文，卓然有当世之志。其祖老家，素雄于资，樗蒲百万，清歌束绫，至明亡而溢尽。公无寸丝粒粟以自持，遇食于戚友间，大依以授生徒而自给。首先筑小室于湘西草堂之侧，名曰蕉畦斋，日则课人，夜则课己，勤读十三经、二十史，及朱张遗书，乃抄乃练，虽腕不胜砚，指不胜笔，犹力疾而争之。年半百始获清康熙五八年度贡生，在图取功名之道路上，可以说是极其曲折。不过公善于词章，与邵阳王元复、汉阳王戬等齐名，号称“楚阳三王”。

早年受业于宜兴潘公宗洛先生，先生任湖广提学时赏识公特甚。可惜公仅六岁，其父已亡，虽有先考之教育，实不如慈母亲近之日久教育多，幸历艰日深，受苦日久，以祖父“崇志节，尚气谊，奉公思法”，长作指针，能“安贫乐道”。

雍正乙酉，纂写先考行述，把家藏《思问录》《正蒙注》《庄子解》《楚辞通释》诸书，以与洛，师生关系呈乞作传，承洛将此遗书推荐存于四库馆。洎公年逾六十，从游者之有志，及戚友之有力，捐刊先考遗书数种。湘西草堂倾圮，不惜礼银，维修宅舍，规制视昔益佳。其年先后，曾在衡阳石鼓书院讲学，并参加纂《衡阳县志》，不久因操劳过甚，痛卒于家，年七十有五。曾生于清顺治十三年（明桂王永历十年），岁次丙申五月二十八日于常宁西庄源。生平著有《蕉畦字溯》《蕉畦存稿》《笈云草》《怀音草》等书。迄今存者，有《怀音草》一书，存光处。

公生长在艰境临头之旅途人家，很小就在祖、父两辈督促下，受过良好之家庭教育、时势教育，从小好学不倦，稍长，即饱读诗书，学习日富，常常和社会名流打交道，窥时度势，立志进取。（可惜仕途方兴）爱憎鲜明，见解中肯。可惜仕途方兴，而命途波折，嗣孙三代下即绝。后有人说夫之无后者，非也，实以父子取名音同之故，无后云耳。

九代从孙中伟氏迪光访族长及县志谨撰

一九四五年孟春月[①]

由此行述，我们可以清晰看出，王敔在祖父王朝聘、父亲王船山的教育、影响下，从小就饱读诗书，精通十三经、二十史，及朱张遗书，具有

① 王庸梯，等编．邗江王氏六修族谱．1995.

很高的文学素养，对中国传统文化有很深的造诣。王敔师从著名学者潘宗洛，留有《蕉畦字溯》《蕉畦存稿》《笈云草》《怀音草》等书，传承了船山家风的“忠君爱国”“厚德载物”“孝悌传家”“诗书传家”“安贫乐道”等风范，承头翻修了湘西草堂，为父母作行状，并把父亲的遗书《思问录》《正蒙注》《庄子解》《楚辞通释》等推荐给老师潘宗洛，这为王船山走向全国，乃至世界起到了关键作用。

因此说，船山家风的传承，首先绕不开王船山的两位儿子王攽、王敔。家风不是短时期的产物，它是一代一代人的坚持所致的。王船山深受祖辈、父辈影响，传承了“忠君爱国”“厚德载物”“孝悌传家”“诗书传家”等优良家风。结合自身情况，王船山又把“安贫乐道”“不信僧道”等家风发扬光大，通过自己的言传身教，深深地影响了王攽、王敔，并以《传家十四戒》为传家之训，希望后辈遵之、从之，以致家族恒绵不绝。所以，王攽、王敔自然就责无旁贷、身体力行地传承着家族的传统，这对船山家风的传承起到了关键性的作用。

第二节　船山其他后裔与家风传承

《邗江王氏六修族谱》卷头语：……力求使谱中的内容能够密切结合祖先的生殁实际，用以知晓和回答大家在社会历史的过程中能联系到的各种问题，使本谱具有人伦性、联系性、继承性、追求性……让大家在生活实践中，既能从本谱得到知晓的来往向，又能懂得这血脉里的奥妙，明确其中源远流长的根脉，家安人泰的史实……《邗江王氏六修族谱》序言中又讲：谱成之后，愿我族宗，深知子孙之来，皆出祖宗一人之身，虽远近异势，疏密异形，宁厚勿薄，宁亲勿疏，长幼以序相洽，尊卑以分相联，喜则相应以结其绸缪，戚则相恤以通其缓急。孝友之行，由斯著焉；姻睦之义，由斯成焉。吾知家有弦而户有诵，春风和气之体如萃于一门，庶几无负于雅志也乎。[①] 由此可见，船山后裔非常注重血脉传承，把船山遗训看得很重，尤其是对《传家十四戒》的理解、遵循做得比较好。

王氏家族历来崇尚德业相劝、过失相规、礼俗相交、患难相劝的传

① 王庸梯，等编．邗江王氏六修族谱．1995.

统，坚守“崇志节，尚气谊，奉公思法”，能“安贫乐道”。再比如船山《家训五则》：传奉父母、和睦兄弟、友爱乡邻、品行端正、勤奋本职（载录于《邗江王氏六修族谱》），无一不是告诫世人的处世良方，无不体现了中华优秀传统文化的精髓：“百事孝为先”“家和万事兴”“远亲不如近邻”“勿以恶小而为之，勿以善小而不为”。王氏家族在良好的家风影响、熏陶下，直到现在，生生不息、枝繁叶茂。船山后裔，遵守国法和祖训，勤俭持身，技能济世，做个良好的公民。

从《邗江王氏六修族谱》来看，王氏后裔自十二代到二十四代，人口稳定，总人数大体呈上升趋势，这说明了王氏后裔大多恪守祖训，做本分、守纪的社会公民，没有遭受清朝的打压。如果不是王船山告诫后人要远离政治，自食其力，做安分守己的人，那么就有可能遭到清朝的杀戮和打压，哪能平平安安地传宗接代？再者，从王船山起，其后人稍有名气的也只有王船山的小儿子王敔，其他人都是默默无闻的普通百姓。因此说，船山后裔一直坚守着船山家风“安贫乐道”“不迷信”“崇志节，尚气谊，奉公思法”的优良传统，且生生不息。

根据《邗江王氏六修族谱》可知，在船山后裔中，绝大部分是王敓的血脉，而在王敓的四子当中，又数生兹、生远两房人口最为兴旺（实际上王氏后裔中大多为生兹、生远一脉），在总人数中，男性人口占比高达72%，女性人口则只有28%。

在众多的船山后裔中，并无关于他们职业的具体记载，大都只是普通的平民百姓，只在《邗江王氏六修族谱》中的《庸梯翁暨王孺人传略》可以看到，王庸梯的长子王著坚“投身于国家扩军前例，结业由党政安置于海南珠海边防军区任干部职责”。王船山在《传家十四戒》中告诫后裔“勿做吏胥”，由此可以看出他的后裔大都严格遵循了他的家训，世代为农。

时至今日，我们前往船山故居等地采访，对王氏后裔不信僧道的家风传承有深刻印象。在竹花园，船山第十二代孙王述斌向我们讲述了他父亲王著光（现名王鹏）的事情：父亲从小就是孤儿，由府母太婆抚养成人，后来在衡阳的船山书院读书，高中毕业后，先后在桐子完小、曲兰中学任教。父亲经常教育我们兄妹四人要遵守祖训，为人要正直，宁肯站着死，也不跪着活。正因为这个性格，1957年，父亲被错划为右派，1978年平反复职。王述斌姐弟在父亲王著光的教导下，一家人都坚守船山公的祖训，那就是即使务农也坚决不当和尚，不做杀猪佬，不信迷信，具体表现为祭祖或办丧事时不迷信、不烧纸屋、不准念经、不信僧道，但是可以点香烛、烧香、烧纸钱、上祭品等。

在曲兰镇的船山村，这里的船山后裔有一部分是由当时负责给船山守墓的王氏后人繁衍而来的。他们大多数认为船山公显远不显近，发学不发家。随着年代的久远，这里的船山后嗣基本上没有对船山公有特别的供奉和祭拜，家里供奉的都是自己已逝的父母，但每逢正月初一、清明节等重要时节，也会有少数人去给船山公扫墓。他们介绍了一些关于守墓的事情，特别强调了继承船山遗风，不信僧道法家，不信迷信的事情，说人死后不请和尚，不做法事。为此，还特别提到了20世纪90年代，湘西村与船山村两方的王氏后裔为了因丧事请和尚一事产生了争执，最后演变为一场械斗，并由曲兰镇政府出面协调处理才结束。时至今日，湘西村与船山村两方的王氏后裔都鲜有往来。

在后来众多的船山后裔中，对船山思想、文化传承做得比较好的有王勋珊（现名王迪光）、王著光、王著豪（现名王崇豪）等人。

王勋珊，王船山第九代后人，属生兹房（王船山之子王敓二房后人），有较强的古文功底，是《邗江王氏六修族谱》的重要撰写人，《邗江王氏六修族谱》收录了他撰写的《六修谱序》《王敔公行述》《关于传家十四戒已见的探索》《船山行》《湘西草堂沿革记》《船山故居四遗迹》《草堂铭》《生若公裔桥清翁耄寿暇词》《庸梯翁暨王孺人传略》《先考鹤仙公暨先妣邹孺人行状》《房叔荣昌公暨叔母邹老人传略》《六修谱跋》等文章。这些文章虽未能公开发表，但确实是对船山家风中的“忠君爱国”“厚德载物”“孝悌传家”“安贫乐道”等内容的具体传承。

王著光，王船山第十一代后人，属生远房（王船山之子王敓四房后人），湖南省衡阳市衡阳县曲兰镇竹花村竹花园村民。王著光生于1927年，早年在衡阳市东洲岛的船山书院读书。因有文化，王著光最开始在桐梓完小教书，新中国成立后在洪市中学任教（前身是文昌书院），二十世纪五十年代在湖南省立第三师范学校进修，1954年左右调衡阳县第二中学任教。王著光对船山思想、船山家风家训都有较深的研究，曾在《船山学刊》发表过《缅怀船山公遗像》《王夫之的好友陈天台》等文章。并告诫自己的儿子做人要正直，子孙后代不要做屠夫，不要过继给外人，不准信迷信，要安贫乐道等，这些是对船山家风的很好的传承。

王著豪，王船山第十一代后人，属生远房（王船山之子王敔四房后人），湖南省衡阳市衡阳县曲兰镇湘西村大交组村民。王著豪是《王船山传说》非遗传承人，生于 1957 年。5 岁开始上小学，就读于大塘学校，10 岁在曲兰中学读初中，12 岁在衡阳五中（洪市五中）读高中，1971 年 14 岁时高中毕业。从 2015 年开始，他承担《王船山传说》非遗传承工作，从事弘扬船山文化、船山思想以及船山家族家风整理工作。目前，已经整理书写了关于船山公的二十多个故事，有四万多字，等待公开出版。

船山后裔第九代、第十代、第十一代代表庚子年正月初一在湘西草堂祭拜船山（王著豪供图）

船山后裔第十二代代表庚子年正月初一在湘西草堂祭拜船山（王著豪供图）

船山后裔第十三代代表庚子年正月初一在湘西草堂祭拜船山（王著豪供图）

第三节　从部分船山后裔传略看船山家风传承

王船山一脉，从第一代骁骑公王仲一到第十一代王船山，经历了近300年，而从王船山这一代算起，至今已有400年历史。在这400年的风雨沧桑中，船山家风的传承又是怎样的呢？下面，我从《邗江王氏五修宗谱》和《邗江王氏六修族谱》中选取部分船山后裔的传略，从中来了解船山家风的传承情况。

一、王嘉達（霜枫公）传略

公姓王氏，讳嘉達，字奉峨，号霜枫，郡庠生，先世详家乘中。高祖船山先生，以理学节义名天下，曾祖讳敔，号蕉圆，国初处士。祖生苍，邑文学。父永荣，字其旋，生子二。公长，承先代遗泽，耽志诗书。弱冠后补弟子员，方欲展翅鹏路，而其旋翁念门祚衰薄，祖宗邱墓之墟有为人侵夺者，毅然以恢复为己任。公遂先意承志，竭力以佐之。东洲、王衙山先坟累累被境豪盗葬，并混占祀产，讼经十余载，始反其田迁其棺，而茔兆屹然以安，其旋翁得无遗憾焉。又湘西草堂为船山先生著书所，田塘稍裕，考盘自足，叔曾祖蕉畦先生席其旧。迨乾隆年间，有暗售他姓已成，其旋翁闻之讼于官，以原值赎回草堂并塘一口，田则有待。既而草堂就圮。公与父商重构之，焕然一。蕉畦房孙支凋谢，数代神主尽置公庄，其旋翁黯然神伤，命公迎归草堂奉祀，今则属蕉圆公房，为船山祖祠，实旋翁父子挽回之力也。而岳后双髻峰下，有续梦庵，船山避兵读书处，失管数十年，迩来仍返故主，亦公之力居多。草堂既成，旋翁因曾太母已逝，鳏居寂寞，爰率一二童孙栖息草堂，悠游以娱晚景。公亦课徒其中，得时亲色笑。

旋翁八十一诞辰，戚族新其原额而跋其后，以志祝。维时堂前鹤发膝下莱班，真有天伦自得之趣。越一二载旋翁精神惫矣，公宛曲劝返竹花园，左右就养扶持，抑搔罔有不谨，寿八十四终，扶梓归王衙山，丧葬尽礼。公事父如此，事母可知。中岁，弟惟让公蚤世，诸孤茕茕。公推诚抚养，用上慰二人心。生平恬静寡言，即之蔼然可亲。人有过，从容谕以理性，靡不帖服。或妄施侮嫚，不与校，而人多愧悔，士林族党钦重之。雅不喜趋利遂末，兼以公私事交扰，故家资渐致凌替，然公但顺时势而已，卒泯纤毫怨悔心。子平愿毕抵祇，携次嗣承越伴侍，或在草堂或在旧居，随其所向，萧然无累，不以艰苦介于怀。居恒兀坐静室，手持先人著作反复研求。盖欲得其奥旨，虽敝衣箪食晏如也。尝贷赀刻船山《周易稗疏》《大象解》二册，继欲复刻他书，恨力不济。家徒壁立，惟遗书数箧，谨守弗敢散佚。即有知交借览，必嘱以勿经咸手翻阅，其珍重为若何。慎甚取与，尤严辨非义，癸未十月杪，举旨省问，适有以非分事进商者，公正襟危坐，作色曰："我岂以日暮途穷而倒行逆施乎?"语意凛凛，闻者愕然。然举自尔日淹信留宿，获聆诲言，而公遂与为永诀矣。

公殁于甲申十月初五巳时，无疾正毙，时年八十有二，葬金兰高节里大罗山船山太祖老坟山内。同邑举人世晚生常大湘为之论曰："百行莫先于孝，孝莫大于养志。公左右厥考以力返故业，刊布遗书，俾先泽延而勿替，可谓克孝矣。"其性和而介，怀清履洁，悠然尘壒之外，古所称乡先生，没而可祭于社者，其公之谓与?

邑庠生婿刘贵举谨撰[①]

从族谱中可知，王嘉�（霜枫公）生于1743年，卒于1824年。该传略赞扬了霜枫公守护祖产的大义之举："祖宗邱墓之墟有为人侵夺者，毅然以恢复为己任。公遂先意承志，竭力以佐之。东洲、王衙山先坟累累被境豪盗葬，并混占祀产，讼经十余载，始反其田迁其棺，而茔兆屹然以安，其旋翁得无遗憾焉。"这正是传承船山家风中"孝悌传家"的具体表现，只有对祖宗有敬有爱的人，才会尽力去保护、维护祖宗留下的遗产。王嘉遈不仅对祖坟的保护竭尽所能，而且在收回湘西草堂、保护续梦庵的过程中，也不遗余力。王嘉遈为人正直，传承着"厚德载物"的古朴家风："弟惟让公蚤世，诸孤茕茕。公推诚抚养，用上慰二人心。生平恬静寡言，即之蔼然可亲。人有过，从容谕以理性，靡不帖服。或妄施侮嫚，不与校，而人多愧悔，士林族党钦重之。"公重义轻财，安贫乐道："雅不喜趋利遂末，兼以公私事交扰，故家资渐致凌替，然公但顺时势而已，卒泯纤毫怨悔心。子平愿毕抵祇，携次嗣承越伴侍，或在草堂或在旧居，随其所向，萧然无累，不以艰苦介于怀。"王嘉遈还保留有"诗书持家"的

① 王德兰，等编．邗江王氏五修宗谱．1917.

家风："居恒兀坐静室，手持先人著作反复研求。盖欲得其奥旨，虽敝衣箪食晏如也。尝贷赀刻船山《周易稗疏》《大象解》二册，继欲复刻他书，恨力不济。家徒壁立，惟遗书数簏，谨守弗敢散佚。"由此可见，王嘉遾在船山家风传承方面做得还是比较好的。

其世系表为：王夫之—王敔—王生苍—王永萦—王嘉遾。

二、王承佺传略

斯仙子序略

王子斯仙乡贤，船山先生六世裔也，生纯笃，能读船山书而卒不求工帖括，以弋名誉，殆亦高尚其志者欤？采风者慕其笃行，纂入邑志。孝友传实，为名教所引重。志称，斯仙居亲丧庐墓期年，事继母意志先承，养两叔一如其父。两叔者，仲早析箸，季幼出继，皆中年落寞，妻子俱丧，移之同居，或历年二十，或四十余载。及没，均丧葬如礼。至性之笃，人所难能，质之船山，谅亦默为许可。然而斯仙之克为船山后事，未易更仆数。初，船山遭变，走匿南岳双髻峰下，筑室为庵，命名续梦，有深意焉。厥后养晦石船山下，构湘西草堂，晨夕著书。以羽翼经传。过其地者，方之鹅湖、鹿洞云。至于厝先骸有山祭先灵，有田尤为事关切要。船山没，变故迭乘，庵归异姓，碑残荒烟，鬼无血食，即草堂故墟，持倒戈而更谁何？呜呼！事越百年，旌邱致慨长逝者，憾有终穷乎。斯仙起，率同气以复先业自任，舌敝乡曲，身屈公庭，于彼于此绸缪罔间，由是外府之璧以归，合浦之珠以还。亦越于今，庵固仍为续梦也，草堂辟为祭室也，全祀田明祀事，馨香时荐也；立墓碑，颁山禁，残魂有归也。殚矣，斯仙之力诚哉，斯仙之心至，区区财费又奚足为？斯仙道船山笔札甚伙，向无多藏于家，寻访故旧，网罗散失，不使手泽就湮，有功先世，亦有裨后学，如斯仙者，洵不愧为船山后矣。兹励族人葺补家乘，尤孝子仁人之用心欤？子三：世熊、世蒸、世聚，姿皆颖异，俾从予游，渊源如可溯也，吾为船山幸，吾更为斯仙幸，斯仙名承佺，号方偓，现年五十有五。

世教弟邑庠生游雪门拜撰[1]

王承佺，生于 1772 年，卒于 1850 年。王承佺传承着王船山"厚德载

[1] 王德兰，等编．邗江王氏五修宗谱．1917.

物”“孝悌传家”的家风，为人厚道，孝顺，孝敬继母如亲母，还全心全意赡养两位叔叔，几十年如一日，至笃至纯，美名传乡野。在维护祖坟、维修湘西草堂以及续梦庵等祖产时不遗余力，使祖宗亡灵有个安息的地方，不愧为优秀的王氏后裔。除此之外，在保护船山遗书的过程中，王承佺也不惜花费家资，尽力而为，为船山遗书完整面世、走上世界立下了不朽功勋，为船山家风的传承作出了积极的贡献。

其世系表为：王夫之—王敔—王生远—王永纕—王嘉训—王承佺。

三、王德意传略

兴发公暨邹孺人传略

亡考兴发公，讳德意，字聚福，昆弟二，亡考其季也。公秉性刚直，居心仁厚，事父母孝而敬，处兄弟友而爱，待子侄严而宽，款亲朋恭而和。行己接物言动不苟，见人无贫富老幼必礼貌接之，皆率于性之自然，无事矫饰。家空乏而食指繁，业农不足给，仍兼营商间。亦游心于艺，劳勩兼数人以济日。用不苟取人，亦无谄于人，虽窭且贫，晏如也。好施与，孤嫠穷丐一踵其门，即辍食食之，数数然不少靳。岁值饥馑，虽贫不自给，闻里中有不能治朝飧者，将己禾穗以贻之，有不能供匕箸者，出所旨畜以馈之，其济急如此，而他可知矣。喜排解族党中有雀角争，人不能冰释者，往往乘夜劝解，达旦方归，甚至相持不下，宁措己资以了结之，事不息不止。急公事，赞修草堂，经营公帑，公用有不敷，愿出捐以为之倡。公山坟树为强暴所侵伐，力为究治，坟山借以保全。公管田租为族强所侵吞，据理力争，公分得以不灭。信因果，常谈报应，以戒家人。事无钜细，必问心而后行，遇有不韪事，必以大义相责，宵小素敬惮之。奉神祇诚敬必将，值朔望饮食必素。奉大士斋期尤敬礼之，数十年不少懈。一日方围炉时，适有火球垂颡下，惊视之，则火焰焰焰桁椽将然断矣，急以水救，幸不为灾，此殆吉神阿护之力也。毕世无疾病，即天疮麻痘尽人不能免者，而亡考无之，殆亦吉人天相之征也。至于修桥梁，平道路，创庙亭，诸凡关于济人利物者，无不赞其始而玉于成，盖乐善好施，天性然也。性尤好士，见学子礼意有加，间语及船山祖轶事，津津乐道，以故士夫钦其谊多乐与周旋，劝之课读以守家学，故茹苦含辛遣盛勉习儒业，幸博一矜，差强人意耳。德配亡妣邹，自幼来嫔，淑慎温恭，克循妇道。娴大义，谨细行，敬徇无违，纺绩无间寒暑，补缀罔分昼夜，常节用缩食，饮亡考之所行。亡考一介寒畯。抚育子女，课耕课读。遣嫁款宾，动用无掣肘者，虽亡考操持之功，亦亡妣内助之力也。属纩时，谓亡妣曰："待我三年来招汝，至期果亡。"呜呼！亡考真知生死矣，惜盛不才，远不能绍先祖之业，近不能扬父母之名，其有忝于所生者，滋甚矣。迄今追维往事，景仰遗徽，历历如前日事，适家乘成，聊述梗概，以志弗谖云尔。

男 传益、监、盛、盈泣血敬述

丁巳年吉月日[①]

王德意生于 1828 年，卒于 1903 年。王德意很好地传承了船山家风"厚德载物"，为人厚道、善良："行己接物言动不苟，见人无贫富老幼必礼貌接之，皆率于性之自然，无事矫饰""好施与，孤嫠穷丐一踵其门，即辍食食之，数数然不少靳。岁值饥馑，虽贫不自给，闻里中有不能治朝飧者，将己禾穗以贻之。"很好地传承了船山家风"孝悌传家"，表现在："事父母孝而敬，处兄弟友而爱，待子侄严而宽，款亲朋恭而和。"而且在祭拜祖宗时食素餐，毕恭毕敬，真是一个好儿孙。王德意一生坚持大义、乐于助人："喜排解族党中有雀角争，人不能冰释者，往往乘夜劝解，达旦方归，甚至相持不下，宁措己资以了结之，事不息不止。"为人本分："信因果，常谈报应，以戒家人。事无矩细，必问心而后行，遇有不韪事，必以大义相责，宵小素敬惮之。"热心公事："急公事，赞修草堂，经营公帑，公用有不敷，愿出捐以为之倡。公山坟树为强暴所侵伐，力为究治，坟山借以保全。公管田租为族强所侵吞，据理力争，公分得以不灭。"在修草堂、保祖田等方面做出了积极贡献。

其世系表为：王夫之—王攽—王生兹—王永绂—王嘉皆—王承磷—王世开—王德意。

四、王德凌传略

正荣公传

胞兄王公讳德凌字正荣府君，为先君子冢嗣也。少负大志，倜傥不群，惜未卒读成大器。因先君子家甚微，公幼从师，习公输技，不数年精

① 王德兰，等编．邗江王氏五修宗谱．1917.

其业。适湘邑豪富家营造，辄雇为墨主，每岁率二三弟共其事，所获金以供俯仰。先君子早故，公居长，凡诸弟妹之娶嫁，备奁委禽，赖公主持，而公不惮烦琐。时余方受读芸窗十余年，备脩脯殷勒属望。余尝以未副所期心切愧之。公自是手创门楣，不坠家声，治家严。今垂没已二十年矣。余伤雁行之折风，两有怀涕常垂睫。兹届续辑谱牒，聊叙始末，以抒感激云尔

弟德兰述

男传崘、传岳

孙勋凤、勋勒、勋翅 敬刊

民国六年丁巳仲秋月谷旦①

王德凌生于1840年，卒于1898年。王德凌少有大志，因家境贫寒，未读书，故一世为农。因人聪慧，从小就开始跟人习木匠活，而且手艺精湛，在乡野算是一个人物。王德凌传承先祖的“孝悌传家”家风，作为一家之长，承担着父亲和兄长的角色，对兄弟姊妹关爱有加，虽然其延续着王家家教严厉的家风，但仍然深得家人信任。由此可知，王德凌是一位深受兄妹敬佩的好兄长，因为他为人厚道、孝悌传家、一心为家着想。

其世系表为：王夫之—王敔—王生远—王永纫/级—王嘉询—王承占—王世远—王德凌。

五、王传盛传略

先考鹤仙公暨先妣邹孺人行状

伤哉先考于民戊子年夏见背，迄今有四十六年矣，即先妣于民辛巳年春弃养，前后相距七年，至今已更有五十余载。光兄弟远不能绍欧阳公之陇冈表阡，近不能效曾文正公之大界志墓，致我考妣之潜德幽光，暗而不显，光兄弟之罪，诚擢难数矣。兹将以光之耳濡目染，略将我考妣之生平懿行闾范，状之殁后，非敢望传不朽，是欲俾后昆知之，宜光大而勿替也耳。光考郡庠生，讳传盛，字鹤仙，绍先其字也，高祖考位登公，曾祖考克明公，祖考兴发公，显考绍先公，先考即兴发公之三嗣也。

先考兄弟有六，先考居三，幼时聪颖过人，言行超群，兴发祖钟爱之

① 王德兰，等编．邗江王氏五修宗谱．1917.

特甚，七岁遣就外傅，四子之书，五子之经，逐年诵毕。惟时家资寒微，衣食不给，数口之家全赖祖独力维持，然裘葛几度，家计日窘。先考效负薪之劳，学映雪之苦，日则课人，夜则课己，如斯者达旬年，及壮以苦学勤修之故，一试名列胶庠，老师宿儒无不器之。湘潭王闿运先生爱之尤甚焉，值时人士莫不称扬。道学继船山书香丕振者也，至今亲戚邻右犹共仰仪型。

先考至性恳挚，事父母极其孝敬，有疾则亲侍汤药，未尝废离。及殁，棺衾宅穸之事、竭力尽慎，哀毁过度，见者皆为感泣。兴发公殁，事母邹愈加孝敬，每夜由外归，坐侍定寝方退。凡珍美时羞，遇时奉之。邹母殁，丧葬哀仪，一一如丧先父焉。

同伯父文祥公、叔父文章公孺慕不改，怡怡终身，仲父文宣公、叔父文室公均早逝世，抚侄如子，俱克成立，癸未年季父弃帏，哀戚甚至尝叹曰："天乎何多伤予之手足欤！"此先考于父母兄弟叔侄之孝敬，亲爱热忱，揭若日星者也。

先考生平，性至公直。制行修洁，言不妄出。乡党咸谊虑先考德者，间以事务就质，先考皆以理令其自解，甚自不惜财力，曲为调释，尤乐济房内昆玉，凡凶歉之岁，始以舌耕巨资相恤，不足，继以自创之业变售。如待伯父文祥公、叔父文章公，先后接踵云亡，丧葬祭仪，细欠账目，不以他恃，独力维持。又造孤寡妻，生养死葬，亦尽力支持。最甚者，尤喜公、援公，倘有不肖子弟，无故损公产者，必起询问之，俟正确尽美而后已。公有坟山、屋宇、树株，以及他等物，他人强占而并吞或侵损者，心忻然力阻之，如湘西草堂被邹姓侵损，先考见之出而力争，今之湘西草堂尚在，何莫非先考昔日之力，而有今日之光辉也？

淑配邹孺人，衡西曲兰有庆公之令媛也，举止端仪言笑不苟，而婉娩和顺，一禀天性，盖有不假修饰而然者，年十二相先考，主中馈，勤纺织，时值艰窘，不遑宁处，惟事祖父母，极其孝敬。待光考以顺为正，生平无二色，无间言，诚得夫妇之道者也，光兄弟姊妹，其抚之、教之、字之、养之，无不极其雅爱，俾至于成人。至今思之，先妣之于儿曹也，慈则不过于溺爱，严亦不过于苦刻，平情酌理，慈严悉中，儿曹初能自爱，不至贻口舌于人者，先妣之教育力焉。或家素不丰，先考尚未辍学，朋党往来，旋踵相接，先妣晋接馈遗，无不丰厚咸宜，宾主款洽。嗣后人口增多，亲戚加广，而资财并未饶裕，总赖先妣节樽拮据，挹彼注此，而各得宾朋之欢心，虽日口碑载道，闾里咸称，而先妣之心，仍以为未尽善也。

光之伯叔母，多大于先妣，先妣视之以礼，至老弥觉，承顺洽浃，闽以内，无间言也，从兄弟姊妹蕃多，先妣爱之，一如己之子女，毫无二心，故子侄之于先妣，一如其母也。先妣内政弥修，贤声日隆，迄今凡登光之庭者，无老幼尊卑，莫不啧啧道光妣之德也。

总之，我先考妣生平居心忠厚，奉养殷勤，治家劳瘁，顾爱子侄，宽恕朋党，周济邻右，良德懿行，光生也晚，难以枚举，惟内从族戚，外闻之邻右，其略如此。

至于光兄弟教育婚配，犹有不忍言者，清光绪庚子年生勋琇，癸卯年生勋琼，期而生如来宝两人，不幸六岁沾疾，先后而故，逾年生勋瑨，遽而生女渚英，丙辰岁生女舜英岂料亡，过三年，生女柳英，辛酉孟夏，不孝光生，当勋琇之生也，视若掌珠，六岁督外傅，壮年卒业于省自修大学，民十二年为之娶邹氏，未两年亡，继娶陈氏，亦于民辛巳年病故。琇工作长沙，加入共产党组织，武昌起义后，信人不知，俾我考妣痛，使我考妣忧。勋琼俾学商业，效端木遣风，为之娶邹氏。勋瑨耕种于家，绍船祖遗训，以而农为本，其室娶刘氏。民二五年，将渚英嫁四甲邹氏，未三年将柳英许五甲邹族。民二六年送光于衡阳市东洲船山中学肄业，蒙国照顾，学膳等费，由校担承，毕业后继升船山高农。以先妣病故，兼倭奴侵凌，即辍学。光愧不才，弗能及早树立，驰驱于宇寅间，已将饱经风尘，尚不能扬名显亲，清夜自思，惭愧何堪。民三十一年，为了娶四甲邹族之女为室，邹氏不幸于解放五一年沾钟鼓病症而亡，不半年娶五甲邹氏。

鸣乎！回忆我兄弟姊妹共计九人，而保抱提携教育婚嫁，莫不顾抚周匝辛苦备尝。而今光等成人，先考于清同治丙寅年农历二月初七日卯时生，竟于民戊子年农历四月十七日辰时而仙逝，年八十二岁；先妣于清光绪己卯年农历十二月十九日未时生，在民辛巳农历二月初十日辰时而弃，养享寿六十二岁。罔极深恩，杀身难报，考妣亦瞑目于九泉乎！鸣乎已矣，夫复望矣，考妣之德，报之亦不能矣。幸族修六届付梓，可能洞悉考妣之存顺殁宁，生平事迹，知晓一二，亦我后起者，足以尊仰而效法之，其光兄弟亦甚幸夫。

季男勋珊承启氏敬述于船山裔庄
一九九四年十月一日[1]

王传盛生于1866年，卒于1948年。王传盛少小聪慧，深得父亲器重，少习四书五经，后再学习深造，深得大学者王闿运的赏识。因为读了很多书，王传盛性至公直、制行修洁、言不妄出，因此在亲族中有很高的威信，而且在侍奉父母方面，也传承了船山家风中的“孝悌传家”特点：“事父母极其孝敬，有疾则亲侍汤药，未尝废离。及殁，棺衾宅穸之事、竭力尽慎，哀毁过度，见者皆为感泣。”尤其可贵的是对待伯父、叔叔，如同父亲：“待伯父文祥公、叔父文章公，先后接踵云亡，丧葬祭仪，细欠账目，不以他恃，独力维持。”如此一位有情有义的人，不正是船山家风中“厚德载物”的最好传承吗？此外，王传盛对祖产的保护也很热心：“公有坟山、屋宇、树株，以及他等物，他人强占而并吞或侵损者，心忻然力阻之，如湘西草堂被邹姓侵损，先考见之出而力争，今之湘西草堂尚在，何莫非先考昔日之力，而有今日之光辉也？”起到了一个船山后人应起的作用。另外，在船山家风“诗书持家”传承方面也做得不错，不但自己读了书，还送自己的儿子读书。总之，王传盛在船山家风传承方面做得很好，是族人的骄傲。

其世系表为：王夫之—王敔—王生兹—王永绂—王嘉皆—王承磷—王世开—王德意—王传盛。

六、王世熊（梦祥先生）传略

王翁梦祥先生序

岳翁梦祥大人，斯仙公之孝子，乡贤船山公之孝孙也。船山公生当明季，觏闵逆氛，毅然不肯少污其志，旋养晦湘西草堂。著作等身，不幸被兵燹，遭播迁，遗集之散佚久矣。讵知名山有灵，固日望后嗣子孙收其就湮之绪以，待后之表彰而俎豆哉。果斯仙公出，始网罗散佚珍藏故箧，亟亟乎有光昭祖训之思焉。既而家稍落，欲付剞劂不果，族有半溪先生玉成其美，事将行，而斯仙公已没矣。先生遹追来孝，他务未遑，日搜寻前人旧物，以成父志。岁壬戌，曾节相访求遗书，请旨行世，先生既举家藏陲

[1] 王庸梯，等编．邗江王氏六修族谱．1995.

寄帷幄，而其所遗漏者更复偏觅于世家巨族，虽祁寒溽暑不少欷，异日登枣栗而公同好。船山公永垂不朽，先生亦千古矣！至若船山公祀田间被悍族侵占，先生出力调剂；俾如汶阳之归我宗邦，其孝之所感者神也。今天下子弟竞以门阀相高，其浮华者既争夸其先世之衣服玩好，而插架之收储，皆成蠹余，卒莫为之所者，比比皆是。甚至驰骋于纷葩靡丽之场，败坏家声，恬不为怪，遑问其永念前徽哉。今先生收拾先人手泽，搜求门人故旧，不听其涣者终涣，佚者终佚，俾曩哲之精神历久弥新，世德之流传自此而永，象贤济美，发越无替。斯仙公可谓有孝子矣，船山公可谓有孝孙矣。或曰：先生之孝庸独善继斯仙公之志，善述斯仙公之事耶？即船山公之志事，亦自是有继述之者矣。明德之后必有达人，岂必掇巍科登显仕，纡青拖紫，仗节拥旄，光宠其先世哉。昨闻船山公遗刻告成有日，今岳翁恰值六十晋一，又尊族续修家乘，亦将竣矣。榜不文，谨质言其实，为先生寿。

愚子婿郡庠生杏江刘经榜顿首拜撰①

王世熊生于1870年，卒于何年失考。王世熊继承父志，在搜集、保护船山遗书方面作出了重要贡献。这对船山家风传承来讲，是非常难言可贵的。另外，王世熊在保护、维护船山祀田方面也做出了贡献：“至若船山公祀田间被悍族侵占，先生出力调剂；俾如汶阳之归我宗邦，其孝之所感者神也。”因此说，王世熊是王氏后裔中一位值得尊敬的传人。

其世系表为：王夫之—王攽—王生远—王永—王嘉训—王承佺—王世熊。

七、王传熺传略

晓春公夫妇合传

公姓王，讳传熺，字炯燐，别号晓春，昆玉有三，长名肃纯，次名襄春，公乃其季者也。

公承祖业，勤奋立家，兴俭养廉，言传身教。尤面严心慈，持之以恒，是以未直言厉色，而人已服。其修身持家政，数十年辛勤如一日。如在李冲开田，担塘，事前为后人劳。垦地致富，然居草野，绝无嚣凌之

① 王德兰，等编．邗江王氏五修宗谱．1917.

气。势利场中，淡然不入。人诱经商，险遭不测，幸善人天佑，祸却结局。其志居家，务极质朴，一切虚文浮费，一丝一粟，不肯浪掷，而好善乐施。至若释纷争，赈贫苦，救患难，修桥梁，平道路，培祖茔，以及扩地兴造，则解囊相助，力之所及毫无吝色。

元配邹孺人，继娶陈氏，鸡鸣戒旦，静好无违。数十年之伉俪，同德一心。生子有二，长名勋熊，别号壬秋；次名勋成。

长男壬秋，居家理事，勤而能守，慎而有为，自幼业绍端木，经营瓷业，守先人旧迹，为生涯克承公志，服贾才长，历界牌四十余年，绝无机巧变诈之为，不为利诱，不思妄动，诚得其公之教也。

次男勋成，笃孝友，重然诺，生面颖异，长而忠直，惟工作于线路，涉世无忤，接物以诚，虽年少辍读，而世情谙练，凝重纯粹，树古君子风。此乃公当年之期望，有意致之也。

昔公继先人遗业，今赖其嗣孙之贤，相与扩而充之，喜庸林、庸标以及曾孙梁柱等，仰承祖志，竞爽一门。将来孙枝兰蕙，擢秀敷荣，定可预券，天其以是报幸福之硕果，所以自致之也。今值六修家乘，迪光纂其事，回忆公已往之典范，不得不质实言之，以昭来者之观仰云。

房侄承启氏迪光稽首拜撰

时乃公元一九九四年岁次甲戌农历元月中浣之五日[①]

王传熺生于1890年，卒于1968年。王传熺传承了船山家风中的“厚德载物”，为人厚道，勤俭持家，好善乐施，安贫乐道。王传熺热心公务，在处理邻里纠纷、赈灾救难、兴修道路、平整祖坟等方面都积极参与，而且从不吝惜钱财，带头做好，获得了乡民的赞誉。

其世系表为：王夫之—王攽—王生远—王永纫/级—王嘉询—王承占—王世逮/康—王德漳—王传熺。

八、王传棌（王荣昌）传略

房叔荣昌公暨叔母邹老人传略

观社会上享遐龄、载厚福、子孙乐聚一堂者，岂偶然哉？盖以勤俭而获福。福者，德之著也，其必几生勤俭、养性修德累仁及之。数十年而

① 王庸梯，等编．邗江王氏六修族谱．1995.

后，佳境美遇超群，为乡中人士所崇式。如此更有深望者，莫过于我叔荣昌公。吾叔荣昌公是以勤俭致富，积德成仁，致寿之缘也。

荣昌叔为吾叔，祖考清善公之季嗣也。其母续孺人殁，荣昌叔才十三岁，与兄荣松、次弟荣梯，怡怡式好，奉王父母孝敬备尽，人无间言。而荣昌叔尤克自树立，念一不勤，无以承先志，一事不俭，何以启后昆。因不事诗书而务工力田，浩身以持己，正直以待人，不取非义之财，不争垄断之利，积铢累寸，无非从辛苦中得来。未几前人之业，由渐而复，后来之业，由渐而增。古人云，民生在勤，勤则不匮，俭克中礼，足葆天真，验之，吾叔有征矣。

吾叔德配邹老人，孝敬和顺，勤修内职，友爱乡邻，言笑不苟，亲纺织，操开臼，深得王父母之欢心，虽属性质之美，亦由荣昌叔勤俭有以倡之也。育儿孙蕃衍，深耕课读，意用毋稍懈，每和颜而语曰：大富由命，小富在勤，勤俭之于人，互相依伏，使俭而不勤财源无由开，勤而不俭，财流无从节，勤与俭并治家之道备，致富亦无惭也。桂子兰孙，克尊庭训，并相助为治家之理，家道隆隆然起，荣昌叔顾而乐之。故年至耄耋，精力愈形矍铄，而门庭内外，必亲捡点，乡亲善举，历志争先，桥梁道路，祠堂庙宇，往往有吾叔名，仁爱之风，遐迩播扬，所称之今之古人有道者，不过是也。宜乎一门之内，雍雍缉缉，雅雅鱼鱼，桂子香飘，兰牙秀茁，他日捷报频传，立足先登，可坐而待也。语云，惟勤能补拙，尚俭可成廉，社会欲成家创业者，其取法于荣昌公之勤俭更甚幸也。光与叔交好三十余年，洞悉历历芳踪，兹值修谱之际，走管而为之传。

房侄承启氏迪光顿首拜撰

公元一九九五年元月四日①

王传棌生于1900年，卒于1989年。王传棌深受船山家风影响，为人厚道、勤恳："因不事诗书而务工力田，浩身以持己，正直以待人，不取非义之财，不争垄断之利，积铢累寸，无非从辛苦中得来。"孝悌传家："其母续孺人殁，荣昌叔才十三岁，与兄荣松、次弟荣梯，怡怡式好，奉王父母孝敬备尽，人无间言。"积善成德，积德成仁，因而福气满门。一生亲力亲为，热心公益："而门庭内外，必亲捡点，乡亲善举，历志争先，

① 王庸梯，等编．邗江王氏六修族谱．1995.

桥梁道路，祠堂庙宇，往往有吾叔名，仁爱之风，遐迩播扬，所称之今之古人有道者，不过是也。”由此观之，王传棅在船山家风传承中，坚守了其“厚德载物”“孝悌传家”“安贫乐道”等特点。

其世系表为：王夫之—王敔—王生兹—王永绂—王嘉皆—王承磷—王世闳—王德佑—王传棅。

九、王勋炳传略

妯伯炳翁九十晋一寿序

从来天定足以胜人，而人定亦能胜天。寿天之数也，如汉之四皓，唐之九老，能修养人之气血精神，可操券而得之。当壮盛之季，早立典范之望，则后此之耄耋期懿，皆能自致，非假修炼以为长生者幸也。湘衡王先生炳翁，里之望人也。余耳翁之名熟矣。

炳翁乃吾姻伯，其令侄松甫先生与吾襄昔同事于眷冲，相交有年。且松甫先生既精于陶瓷技艺，并之于书法，其及风度俱佳，吾尝慕之。诘朝，松甫先生来寒舍、与余小叙，言及家炳叔于今岁阳月初旬，寿登九十晋一，但不从俗开宴，然子孙咸集，为之称觞，能有诗文上志以文墨，勖吾昆弟更为机遇。继而，又简略家叔履资：家叔以赤手成家，力耕资业，早作夜息，拮据经营，其勤于身也，如陶侃之惜分阴，其俭于家也，如晏子一狐裘，敏于事而慎于言，不乘人之危，而济人之需，肯出力为人调和纠葛，生平以乐观近人。

姻伯乃邗江王氏望族，先贤王船山先生之十世孙也，翁少小从容，既勇于勤恳，且精敏于事物，并敢思迁。公值弱冠来界，奔波辛劳，凭血汗挣扎，所获铜钱三百串，初与邹君文灿合伙经商，不久时转运享，薪红并进，积十成百，累百盈千，以至兴旺，各立门户，因此翁能独自撑开商业，别开生面。由于重视质量，讲究信誉，不年翁就在界牌瓷行，崭兴头角，连年大兴建造，名声日隆。翁虽振其名，殿其家，还是俭而不奢，以甜思苦，先后置田亩于老家，孝其亲，既恭于兄，且友于弟，视侄等如亲生。特别是教育子侄，翁很严厉，常以家教笃其子孙，俾子侄均皆守以绳墨，教之善也。

姻伯之寿，欲以文寿之，奈余文塞学浅，未能面诺。回忆翁寿登耄耋，与翁同乡共事经商者尚存者，屈指无几；又与翁在兹土同游者，尚有者，亦为数不多，然以松先生之能秉着叔侄之情，复乞吾以序，却之不义也。

且古者称寿，不必揽揆之辰，多喜寿人以序。然明清时代，较为盛行，是或以才道而为之，其笃缀多用悬弧、南极，筹添海屋，其及蟠桃歌乐，继而觥筹交错．余音绕梁等等，为之恭维，太免褒扬夸大，言过其实。这些早在民间不循矣。

如此斯序何为也，吾只好假松甫先生之言，取其略者而序之，异日登诸家乘，俾世世子孙，勿忘先人缔造艰难，则翁之垂裕后昆，夫岂有涯哉。

姻侄姚孝浩鞠躬敬撰

公元一九九五年四月一日①

王勋炳生于1905年，卒于1997年。王勋炳白手起家，在衡阳界牌做陶瓷生意，因为人正派、讲诚信，生意越做越大，掘到了人生第一桶金。虽他富裕了，但仍然坚持勤俭持家："翁虽振其名，殿其家，还是俭而不奢，以甜思苦。"为人孝悌："孝其亲，既恭于兄，且友于弟，视侄等如亲生。"秉承船山家风家教甚严的传统，"特别是教育子侄，翁很严厉，常以家教笃其子孙，俾子侄均皆守以绳墨，教之善也"。由此观之，王勋炳一生为人节俭、勤奋，吃苦耐劳，善于经营，而且为人处事有分寸，不乱说话，不乘人之危，遇有需要帮助的，会尽自己一分力量去帮助，不"为富不仁"，因此，受到族人的敬佩。其实，王勋炳能福寿双全，受人尊敬，这与船山家族历年来的良好家风传承是分不开的。"厚德载物""孝悌传家""安贫乐道"孕育着做人的品性，品性好，心态就好，诸事就会顺利，这是一条颠扑不灭的真理。

其世系表为：王夫之—王攽—王生远—王永纫/级—王嘉询—王承占—王世逮/康—王德望—王传枝—王勋炳。

十、王庸梯传略

庸梯翁暨王孺人传略

传者，传也，即传其平生以赤诚爱国之心，疾恶如仇之性，清正廉明之风，刚直不阿之气，著称于时，而善终于后也，若我房梯翁真有如斯之

① 王庸梯，等编．邗江王氏六修族谱．1995.

事也。

梯翁事亲孝顺，处世和平，待昆季无间言，天性甚厚，幼慧读，善商兼农，谆谆以此课子弟，家教最良。而形虽在乡，心不忘世。待人以恕，尽己以忠，而好善其天性也，常工耕于野，不以名利介怀，惩忿窒欲，事必期至于善。族谱时久未修，祠宇破损欠整，克勤厥事。少承祖先之训，浑厚朴重，成年时治家产而薄功名，博过染糙名物光泽之学，屡以售世。倘有家寒而求取时，则不惜家珍，慨然相恤。且兼檀医道，利人济物，故数十年之生涯，均处于社会里。翁既富而嗜义若狂，至性肫笃，常以先世之祖茔为念，总是亲自置碑修围，俾先灵慰于不朽。

德配邓孺人不禄，继娶王氏，均幽闲寡言笑，年及笄于归，琴瑟和声，乐偕市隐。凡事舅姑，待妯娌，联乡党，接亲谊，孝敬和协，有如古家风。翁少贫辍学，长工艺以供生计，笃孺人操井臼，以从黾勉，克勤克俭。生子有二，长名著坚，以家前无读书人，常被人欺，故责坚唯努力读书，力图上进，免作田舍郎，因此对坚期望甚殷。坚能承父命，自中学卒业后，投身于国家扩军前列，结业由党政安置于广东珠海边防军区任干部职责。坚务服［不］辍，崇大义，不受贿营私、损人利己。当地有义举，必奉坚为领袖，常以直言救人，且好善乐施，视囊中物无丝毫吝色。

次名著赛，性天醇厚，心地洒落，当翁先王父三无公伯仲共炊时，田荣荆花，埙篪和奏，因以勤俭起家，广边田园。坚赛昆仲，承先泽，服畴食德，事父母则愉愉以博其欢，处兄弟则怡怡以和，待里党则休休与人无忤，间学陶朱，经营端木，槐阁花萼，共相辉映，家业增丰，分多润寡，任国干部，负责而勇为，人称之为善富之家，皆梯翁之家教有方而后能体仰者也。

值此六修家乘，梯翁主其事，光愧纂修，以住居船祖之故居湘西草堂十余年，深得戚友同里族，畅谈其详，略纪其一二行事，以现梯翁平生云尔。

房愚承启氏迪光谨撰

时公元一九九五年花月上浣之八日　谷旦

奉侍男著坚、著赛鞠躬付梓①

① 王庸梯，等编．邗江王氏六修族谱．1995.

王庸梯（王庸悌）生于1913年，卒于何年失考。王庸梯是《邗江王氏六修族谱》主修，其为人赤诚爱国、疾恶如仇、清正廉明、刚直不阿，这非常吻合王氏先祖的性格与作风，也是他秉承了船山家风的真实写照："少承祖先之训，浑厚朴重，成年时治家产而薄功名。"王庸梯孝悌传家，这也是船山家风的特点："凡事舅姑，待妯娌，联乡党，接亲谊，孝敬和协，有如古家风。"王庸梯热心公务，在修谱、修祠方面作出了积极的贡献："翁既富而嗜义若狂，至性肫笃，常以先世之祖茔为念，总是亲自置碑修围，俾先灵慰于不朽。""族谱时久未修，祠宇破损欠整，克勤厥事"，而且，他严以律己、宽以待人，豪爽、善良："待人以恕，尽己以忠，而好善其天性也，常工耕于野，不以名利介怀，惩忿窒欲，事必期至于善。"因此说，王庸梯在船山家风传承方面，做得很好，是一位典型人物。

其世系表：王夫之—王敔—王生兹—王永绂—王嘉皆—王承磷—王世开—王德郉—王传送—王勋连—王庸梯。

十一、王庸健传略

严君庸健翁两大人传略

严君健翁生于民国十六年，丁卯十月十一日，迄今有六十有八岁。慈母邓老人生于民国十八年，己巳三月十二日，至今亦有六十有六岁。两大人相隔两稔，不孝兄弟既未光显于当时，又恐不能褒扬于今后，莪蔚虚生，抢恨何极。伏思严君生平，笃仁若命，嗜义若渴，提躬艾物，沦浃基宏，慈母邓老人静和敬，相助成德，阅四十全年之寒暑无间。然则不孝兄弟今日，虽极腐朽无成，何忍两大人懿范不彰，至继继承承之莫由考范也。用是援笔濡墨，且表其梗概焉。

谨按严君姓王氏讳庸健，别名健强，既无兄弟，终鲜伯叔，孑然独立。年十六掌家，井井有条，先王父际平公，旷洒人也，知严父勇而能慎，勤而能俭，可诸事不关怀，常年外往，打工过日。严父出则经营家事，入则曲意承欢，唯恐失其颐养。不幸解放于五一年辛卯，先王父际平公捐棺。值时家无恒产，早受冷饿，人单影双，支助无人，虽有从堂伯权兄弟，距离很远，惸惸一人，丁此艰凶，凡送终大事，厝葬营兆，称家之有无，非直为观美也，必图尽夫人心，哀礼交至，无敢陨越。自是遭家多故，甫十七年，而先王母朱孙人不禄，而先伯父继逝。大不幸之遭遇，孝慈无亏，思义均挚，皆内无负于心，而外不遗人议。严君所居之境，所值之艰，人之常有也，但所居之境，所值之艰，宁自亏而不肯亏情理，奢俭适宜，不骄不固，殆非人所难能也。盖严君天性独厚，务本根，于亲属困穷，乐而解危，周恤备至。遇邻里灾荒，自却不能济，可往往破筐解囊，倡为义举。房内向有争竞，细意调停，不畏烦，不支强，不矜功，不图名望。至于修马路，筑桥梁，建住宅，平基地，总是不偷闲，尽力而为之。正直气严，言不妄发，农村莫不钦为长者之风。

慈母邓老人，世居桐梓乡晓堂村，系出同邑名族。邓祖父母爱之甚，疼之切，犹如手上明珠。年及笄，来嫔严父，奉先王父母，循妇职，侍奉勤勇，孝敬尤良。时先王母朱太君，御家甚严，稍越其范，责不容贷，惟慈母敬事姑嫜，奉叵视膳，无不顺其意旨，以故博先王父母欢，而王父母意为贤媳，四德完备，能任内政。故凡内务所宜修者，俱任之，慈母不辞剧难，概然就理。严君意内助之得人，家务无分巨细，亦总任之，历数十年无内顾忧。慈母躬执炊煮，裘葛无怠，常夜勤针黹，以济匮乏。旬余年成聚，家业渐丰，嫁女择媳，礼道备置，家务勤劬，持门以力。勖不孝兄弟，经管技业，对祖嗣生养死葬，无不尽其职责，能敦得天独厚，是以衣食丰饶。岁增田宅，生齿日繁，遂折箸各炊，乐与季子同居。不幸兄弟远离，犹日以勤俭重训，俾不孝兄弟成立，创家立户，人丁雀起，每逢春秋令节，戏采分甘，能得天伦之乐也。兹幸我族修辑家乘，爰纪其实而言之，以见严慈两大人之生平云尔。

男助斌、量军　谨述

公元乙亥岁农历元月上六日①

王庸健生于1927年，卒于何年失考。王庸健少年老成，十六岁就独挑大梁，承担起养家糊口的重任，毫无怨言，把家治理得井井有条。信奉“孝悌传家”的传统，“出则经营家事，入则曲意承欢，唯恐失其颐养”；为人笃行厚道，正直善良，乐于助人，如“天性独厚，务本根，于亲属困穷，乐而解危，周恤备至。遇邻里灾荒，自却不能济，可往往破筐解囊，倡为义举”“笃仁若命，嗜义若渴，提躬艾物，沦浃基宏”，这是他传承船山家风“厚德载物”的最好注释；凡事亲力亲为，而且热心公事：“至于

① 王庸梯，等编. 邗江王氏六修族谱. 1995.

修马路，筑桥梁，建住宅，平基地，总是不偷闲，尽力而为之。”正因为王庸健做人正直、善良、精明、能干，又讲义气，所以他在族内有较好的声誉。另外，由于王庸健娶了一位贤惠的妻子，家风和谐、融洽，所以家庭事业一路顺畅，家业越来越大，生活条件越来越好，这是好家风带来的必然结果。

其世系表为：王夫之—王攽—王生兹—王永绂—王嘉皆—王承磷—王世开—王德意—王传盈—王勋水—王庸健。

十二、绍兰公夫妇合传

绍兰公夫妇传

凡人之信今而传后者，岂必其功业之崇、节烈之显哉，但使德型于家、式于乡，亦足以光门闾而垂不朽。若吾族绍兰翁暨罗孺人者，内外正位，黾勉同心，真有合乎《易》咸恒之义焉。翁讳永寿，字绍兰，如山其号也。性朴实不事妆饰，而刚方正直之概，素见重于闾党。事父母至孝，奉餐奉绵，必躬亲之，从未尝假他人手。早岁与季弟共居，处手足之情出于至性，无论家政纷纭，举一切而独任之。即至析箸后，通有无济缓急，从无吝色，以贻同体。忧至若图维公事，尤必先其大者。畴昔祠宇就圮，未能复建，翁手订捐薄数十本，择族中殷实者授之。虽其后风雨各好，事不果成，而敬宗尊祖之心，固已昭然若揭矣。德配罗孺人，赋性温和，秉德贞静，凡妇职所宜修昔，罔不从容就理之。纺织必勤供衣服也，鸡豚必畜备甘旨也。他如事翁姑以孝，处妯娌以和，抚子若孙以慈爱，尤族党中素所钦重者也，岂仅以针黹技俩夸闺房之能事哉？言生也晚，不获睹二老人之行事，而盛德之型于家、式于乡者，流风固未竭也，因不揣鄙陋爰搦管而为之传。

族侄孙琼林撰①

注：王永寿，字绍兰，是王介之后代，但其秉承王家祖训，孝悌传家，为人正直，热心公务，在敬宗尊祖方面是典范，故录之。

---

① 王德兰，等编．邗江王氏五修宗谱．1917.

十三、鲁斋先生传略

鲁斋先生传

翁姓王讳世省，字三吾，号鲁斋，一字者方明，乡贤石崖先生七世孙也。鼎革，石崖先生义不仕，由衡迁隐长乐石仙岭下，遂以诗书世其家，祖忍旃公邑文学，有声庠序。父敬庵公生翁，常以先世青箱相督教。翁自束发授书即知显重家学，欲光祖父遗业。书馆萧然一灯，相对冥搜之余，继以呫哔，虽至鸡鸣月落弗辍，阅五十寒暑亦弗间也。乃竟不得志于有司，然翁益不懈，终岁假馆授徒，敩学相半，日与门弟子口讲指画津津弗衰，以故从游者无虚岁焉。翁学有渊源，而性至孝，继母王孺人初归敬庵公，疑翁异腹子必多违，翁竟曲意承志，得其欢心，后当丧葬亦竟如礼。时值敬庵公及两母氏冥诞忌辰设奠，鱼菽融融，泄泄若存，日欢哀恸迫切，又若孺子慕同室，见者咸动容陨涕。翁终身行之如一日，性严重不苟，绝迹外务，尝教子弟笃孝友，习勤俭，不堕先世明德为兢兢。道光丙戌岁，族修祠宇续家乘，翁与纂辑之任，谨恪密至，毫无舛错，今族修家乘业告成矣，犹称其前绩为无间然。翁淑配刘孺人，同心同德，内助之良，与翁俱享高年而终丈夫。子三：德人、德子、德如。其季子持躬涉世古谊肫肫，洵韩子所称马少监称其家儿者欤！

时同治六年丁卯岁孟夏月上浣之吉

愚侄婿李本达拜撰①

注：王世省，号鲁斋，王介之后裔。因其学识渊博，为人正直、厚道，孝悌传家，是《邗江王氏三修族谱》的纂辑，为船山家风的传承做了很大贡献，故录之。

十四、王德芯传略

精一公暨黄孺人合传

丁巳之春二月既望，王生国香来舍，述其族修家乘，请为其父精一公传。余因忆三十年前主讲王氏家塾三载，得悉公盛德懿行，曾心钦不置。流光冉冉，不觉睒违多春。忽生以传请，虽年来笔疏，谊不容辞。

① 王德兰，等编．邗江王氏五修宗谱．1917.

公讳德芯，精一其字，为船山先生嫡裔，云溪公冢嗣。性孝友，事父母必得其欢心。痛父早背，为母求寿，远踵南岳晋香三次，孺慕之忱，五十余不衰。亲殁丧葬，必如礼。与同怀弟恩臣，共处数十年，无几介嫌，督课诸侄诵读，比儿尤挚。堂弟紫峰为都御史王爵棠心腹，在署病故，公闻之恻然，不忍抛身异地，率其子国瑞沿河数千里，迎榇归葬祖茔。逾年，瑞得搏矜取荣，皆公之栽培笃厚所致。外大父刘公贫老无依，公善承母志，时常馈送，丧事以身任之。

德配黄孺人，幼嫔槐庭，秉贞静之德，率柔顺之性，凡妇职所宜修者，罔不从容就理之。其于事翁姑以孝，处妯娌以和，御子侄以惠，此孺人无间于人言，余岂誉于孺人哉？惜佐助不久，遂殒天年，公心伤镜破，弦不再续，金玉其度，冰雪其心，当时有以义夫称之者。

居近井市，不染嚣尘，遇有纷争，极力排解。市有包公殿，创自先朝，年远朽败，公与乡饮大宾刘廷杰倡首，募捐修复，俾神得所安。市上游有义山，牛羊放息，坟墓塌平，公率左右人凑钱雇工，覆土培塚，令荒骨免于暴露。夫世俗浇薄，末争锥刀，诈习机械，平日置名义不论，剥本根而罔恤。

公处宗党中，虽无丰功伟绩、盖世名望，而天性不离天伦，无亏积德累仁，历数十年罔懈。懿铄哉！公亦人杰矣哉！光绪乙未春，无疾而终，享寿六十一岁。

子国香与侄国俊，均通经史、能文章，制科久罢，无标可夺。近日高设绛帐，讲诵乃祖遗书，桃李尽归门下。教泽广施，实公之德泽所流露也。发祥将未有艾，因质直而为之传。

清孝廉方正邑学博士、弟子员刘光藜澧棠氏谨撰

民国六年丁巳仲秋月　谷旦

男传芷泣述①

注：王德芯，字精一。依传略看，是王船山嫡裔，但在《邗江王氏六修族谱》世系表里没有找到其世系信息，可能漏录。其为人孝悌传家，厚道热心，乐于公务，在乡党中有较高声望。

通过对上述十多个船山后裔传略的校注，我们可以总结一下这些船山

① 王德兰，等编．邗江王氏五修宗谱．1917.

后裔的普遍特点：其一，他们大部分都务农为生，很少有做官的，只有个别人从事经商活动。这说明，这些人读书较少，文化程度不是很高，如果读了很多书，就会中秀才、中举人，学而优则仕；其二，他们非常注重传统文化的福德修养，大都为人厚道、正直，重感情，家庭和睦，长幼有序，尊老爱幼，典型的“孝悌传家”；其三，他们大多能吃苦耐劳，勤俭节约，做一个本分人，安贫乐道，热心公务，尤其对船山祖产的保护很关心。从这些特点可以看出，他们对船山家风的传承是一脉相承的：低调，不求大富大贵，只求安安心心做一个平民百姓，上敬祖宗，下悌儿孙，诠释着中华传统优秀文化的精髓——家和万事兴、平安就是福、和气生财、积善成德。

第四节　《邗江王氏六修族谱》新订的《家训五则》[①] 及评析

传奉父母

为人子女，奉侍是百行之原，大孝尊亲，行动弗辱，其次能养，量身相名，是尊其亲，保身慎行，是不辱其亲，肴苏承欢，是养其亲，人虽有不同，境遇各异，然三种之间，应宜尽职，古云：哀哀父母，生我够劳，凡为子女，加深体会。

和睦兄弟

古来大被同眠，灼艾分癌，和睦友爱昭彰。今若同室操戈，争产起衅，异母分心，妇言感志，所谓和睦，情理安在，不如艰苦卓绝，形成合力，发挥优势，彼此尊重，团结鼓励，以兴国邦家之基，岂不盛誉。

友爱乡邻

匹夫能化乡人，苏老尝慕之，慨自让畔之风，无争斗之言，比居闾里，秦越相亲，是以喜相庆，灾相恤出入相友，守望相助，庶几不愧仁里之村，道不失匿之途，居光天化日之时，吾族子孙，宜谨勉旃。

品行端正

吾宗自船山公相传以来，由士农工商兵，阶层均有，惟有士名极稀，

① 王庸梯，等编．邗江王氏六修族谱．1995.

因老家历来清贫，求学不易，而光宗耀祖固难，可是各行各业，务必端正态度，砺行品质、不偷盗，不奸淫，不为非作歹，不惹事闯祸、聚众斗殴，不轻举妄动、敲诈勒索，不拉帮结派，恃势欺凌尤勿好逸恶劣以时代脉搏，可循规蹈矩，不忍辱偷生，否则身败名裂。宜修身女敛性，乐道安贫，勿负前辈期望之至意。将来虽不能光大门闾，亦不致谴笑于子孙，不亦幸夫。

勤奋本职

人之需职业，犹鸟之需翼，车之需油，室之需砖瓦，衣之需材料，人之职业将以职业为人子，以职业为家，以职业为社会，不务于此，纵才其华，艺极其精，能力极其强，而身一有不勤，职弃家窘，则人视之如污秽，避之如虎狼，贱之如朽木，何以立身于社会，立社会亦不越百年，旦不勤奋而专守本职，若孤傲视才，不事生产，逍遥法外，自甘暴弃，其途征何设想，孰谓勤奋本职，而不能创家立业，光宗强国的，望吾族率子弟以为之。

评析：

《邗江王氏六修族谱》新订的《家训五则》，内容包括：传奉父母、和睦兄弟、友爱乡邻、品行端正、勤奋本职五个方面，其核心理念就是船山家风中的“孝悌传家”“厚德载物”，这也是基于新农村建设、和谐社会建设的需要，是中国传统文化的传承。《家训五则》第一强调要“孝”，只有有“孝心”的人，才会侍奉好自己的长辈，家庭才会和谐、融洽、兴旺、发达。第二强调“悌”，只有兄弟友爱，家族才会有生气、有力量、有影响。第三强调“睦”，不仅是兄弟和睦，主要是做到邻里和睦。邻里关系良好，社会风气就好，在各种事物的处理中也会得心顺手，随之一天的心情也会很好。第四强调“正”，所谓“正”，就是以礼做人、依规做事，不做没良心、伤天害理的事，这就需要有良好的品性。只有品性端庄的人才不会做损人利己的事情，才会得到乡邻的尊重与关爱。第五强调“勤”，天道酬勤，只有勤奋努力，才会有收获、有发展、有未来。如果不勤奋，就会一事无成，甚至坐吃山空。因此说，《邗江王氏六修族谱》新订的《家训五则》，实际上就是船山家风的传承与弘扬。

第五章　船山家风调查实录

据不完全统计，王船山后裔主要分布在衡阳县的曲兰镇、界牌镇，人口已有420人之多。其中大部分居住在曲兰镇，约有300人，界牌较少，约120人。在这些王船山后裔中，有近80%的人务农，少数人从事教师、公务员和医务工作。目前，我们已经调查了衡阳县曲兰镇的船山村（船山墓庐处），湘西村的竹花园、堆子组、大交组、山背组等几个地方。

在船山村，王船山后裔大多数认为船山公显远不显近，发学不发家，对船山家风中关于不信僧道法家，不信迷信，人死后不请和尚，不做法事等传承得很好。

在竹花园，大部分船山后裔遵守祖训，为人正直，宁肯站着死，也不跪着活，就是务农也不当和尚，不做屠夫，不信迷信。

在堆子组、大交组、山背组等几个地方，我们看到了船山后裔们做人诚实，待人谦虚，遵纪守法，不义之财不要，不做官，嫁女不准收彩礼等这些优秀品质。现在，这些船山后裔将这些祖训又告诫自己的儿孙，要像祖宗船山公那样，一门心思只在家里看书写东西，绝对不到外面去做官。因此，他们跟外面的人交往都很少。

通过采访、调研，我们从船山后裔关于祭祀先祖的祭祀活动、对子女的孝有什么具体要求、小孩读书求学情况、对船山家风继承情况以及目前他们的生活状况及生活习惯等方面，来寻找船山家风以及传承情况，探究船山家风的历史意义及时代价值，从而进一步弘扬船山精神，弘扬传统文化，为新农村建设、小康社会建设寻找落脚点。

第一节　采访船山墓庐守护人——王庸智

一、采访时间

2019 年 11 月 17 日

二、采访地点

湖南省衡阳市衡阳县曲兰镇船山村王庸智（现名王多智）家

三、采访对象

现船山墓庐守护人：王庸智

四、采访者

衡阳师范学院教师：朱迪光、邓胤龙等

五、采访对象及亲属简介

王庸智，邗江王氏第二十一代后人，王船山第十代后人，属生兹房（王船山之子王敔后人），湖南省衡阳市衡阳县曲兰镇船山村村民。生于 1941 年，小学毕业后辍学。坚守船山墓庐 30 年。老婆邹氏。夫妻俩生有两个儿子，大儿子叫王著平，小儿子叫王著永。王著平生育一个儿子一个女儿，儿子叫王俊鹏，2003 年生；女儿叫王苏，2001 年生。王著永生育两个女儿一个儿子，大女儿叫王洋，二女儿叫王静，小儿子叫王凯瑞。王庸智的父亲是王迪光，祖谱名王勋珊，有较强的古文功底，是《邗江王氏六修族谱》的撰修人，母亲邹氏。

六、采访过程

问：您叫什么名字？

答：我叫王多智。

问：为什么在族谱上查不到您的名字？

答：族谱上叫王庸智，还有个老兄叫王庸藏。

问：您是生远房还是生兹房？

答：生兹房。

问：王庸欢和您是什么关系？

答：他是我堂兄弟。我还有个亲弟弟叫王庸能，过继了。

问：您知道王庸能多大了吗？

答：他比我小，我老大，他老二。

问：他现在住在哪里？

答：他住得挺远的，离这里有三十多里。

问：那王佐文叫您什么？

答：他叫我叔叔，是王庸欢的小儿子。

问：您是不是有两个儿子？您有几个孙子？

答：有两个儿子，有五个孙子，不过没有上六修族谱。

问：您大儿子王著平有几个孩子？

答：有一个儿子一个女儿，儿子叫王俊鹏，2003 年生；女儿叫王苏，2001 年生。

问：那您小儿子王著永呢？

答：有两个女儿一个儿子，大女儿叫王洋，二女儿叫王静，小儿子叫王凯瑞。

问：您两个儿子现在在干什么？

答：大儿子王著平在搞泥水工，小儿子王著永在广东番禺工厂里打工。

问：王庸藏住在哪里？

答：他 1994 年就死了，老婆改嫁了，有两个女儿。大女儿 31 岁，小女儿 24 岁。

问：但为什么族谱上只有一个女儿？

答：上族谱是按人头出钱的，可能当时大女儿已经出嫁了，所以只有一个女儿。

问：您有三兄弟，现在是不是只有两兄弟在世？

答：是的。

问：那边的四栋房子都是王庸欢四个儿子的房子吗？

答：不是的。2012 年，王庸欢的老房子拆了，现在只有三兄弟住在那边。老大王著吉搬到衡阳去了，已经去世了。

问：现在在这里的船山后裔还有多少户？据我考察主要是传盛公这一脉在这里对不对？

答：是的，住在这里的都是传盛公留下来的这几户。

问：您知道为什么你们先祖从堆子组迁到船山村吗？

答：是为了守船山的墓庐。

问：您是听谁说的？

答：父亲跟我说的。当时，有一个叫谭启瑞的官员，是道台。他在船山墓庐这里建了三间房，在房子的堂屋中间挂了一块匾，两边还有一副对联，匾上写着“王行人之墓庐”，落款是谭启瑞。我小时候看到过，“文革”的时候这三间房被拆了。

问：传盛公搬过来住在哪里？

答：就住在这三间房里。

问：后面有没有建房子？

答：建了房子。

问：您有没有听过一个说法，就是朝廷官员要求船山后裔迁过来守墓。或者还听过其他的关于守墓的说法？

答：我只听过王夫之生了攽公和敔公，攽公四个儿子，敔公两个儿子。王夫之还没有死的时候他们俩就分了家。王攽搬到了国土局河北路，王敔两个儿子跟着夫之住在湘西草堂。敔公四代之后没有后人了，在这种情况下湘西草堂就归为攽公的后人。攽公的后人商议，一部分去守湘西草堂，一部分来大罗山守墓庐。结果守墓庐的成了，守湘西草堂的没成。因为湘西草堂后面改建为船山祠堂，就不允许后人守了。湘西草堂前面还有四亩田，就作为供方田，用于每年九月初一（船山生日）晚上子时开祭。开祭要放在子时，是因为此时安静。另外，祭祀时特别不允许女性进去，来参加祭祀的都是男丁，男的一生下来就可以参加祭祀活动，但是女性都不行的。这个我就是听我长辈说的，当时就决定一部分守墓庐，一部分守湘西草堂。

问：为什么是官员要求船山后裔守墓呢？政府会给予一定的补助吗？

答：当时政府没有给钱，就是给了五亩田、八亩茶山。

问：这五亩田是水田吗？

答：全是水田。

问：现在守墓庐政府是不是还给点钱？具体由哪个部门给？

答：是给点，由县文物局每年造表发。给的不多，我已经守了30年的墓了。

问：大概是多少钱一年呢？

答：最早是400元钱一年，其中100元是奖金，300元算作工资。现在提高到了 3600 元一年。

问：那这个墓庐的原样是什么时候修的呢？

答：是清朝的时候。

问：在你之前是谁守墓？

答：还在清朝时，我爷爷没有搬过来守的时候，是王氏后人出钱建了房子在上面，请了姓刘的人在守。

问：那你知道你们王家是什么时候派人过来守的吗？

答：大概是一八九几年，我爷爷王传盛迁过来守的。

问：那你们扫墓是每年春节、清明的时候去扫吗？

答：没有，我们现在是天天去打扫，一天不去扫，那上面就会有很多树叶。

问：你还记得《传家十四戒》吗？或者听说过吗？

答：听过，有不做上门女婿，女的不二嫁，不信迷信，不烧纸这些内容。

问：你们三兄弟读了多少书？

答：都没有读多少书，就王庸藏读得多一点，是中专毕业。我读了小学，王庸能也是读了小学。

问：你父亲在船山书院读完书后去了哪里？做了什么？

答：他教过书，在民国的时候当了两年的保长。新中国成立后被打成历史反革命。

问：那你儿子读书怎么样？

答：不怎么样。那个时候家里穷，所以就去打工。现在孙子读书还算可以。

问：所以你们还是想让后人读书？

答：想，肯定还是想的。之前那是没有办法，父亲被打成反革命，自然没有钱读书。

问：你们这个房子是什么时候建的？

答：2013 年建的，还只有六年，是在老祖屋的地基上拆掉重建的。

问：船山村就你爷爷这一户姓王？

答：是的，别的都是外姓。很多游客到这里来参观、祭拜船山公，不懂为什么王夫之的媳妇要和他葬在一起。别人不懂，但是我懂。王船山在的时候，还有一些著作没有完成。他的媳妇刘氏是一个读书人，这些著作是他媳妇给他完成的。他晚年就招呼别人，让他的媳妇和他安葬在一起。

问：那你知道为什么王攽葬在衡阳市王衙山，而王敔却埋葬在马迹呢？

答：王攽葬在王衙山是因为那里是祖山。还有一点可能更关键、更直接，王攽的母亲陶氏埋在那里，所以他葬在那里也是为了陪他妈妈。王敔就葬到南岳马迹那里陪爷爷去了。

七、采访照片

在王庸智家里采访、调研

王庸智夫妻及孙女与采访组人员合影

八、王庸智一脉世系表

王夫之—王攽—王生兹—王承（永）绂—王嘉皆—王承磷—王世开—王德意—王传盛—王勋珊（王迪光）—王庸智（王多智）。

九、采访感悟

王庸智秉承祖训，从20世纪80年代以来，一直从事船山墓的守护工作，为人忠厚、老实，注重尊宗敬祖，守护船山墓非常上心。除了每天打扫外，还搜集整理有关船山传说，以给前来拜祭船山墓的游人讲解，这其实也是在传承船山思想。在多年的守墓生活中，王庸智秉承船山公的“孝悌传家”“安贫乐道”“不信僧道”等家风，兢兢业业做自己的工作，世代务农。其子女也没有读多少书，现都在外打工。因此，王庸智的孙子们差不多都是“留守儿童”，跟着爷爷奶奶生活、读书。由于时代的变迁，国家政策的开明，社会对人才的要求越来越高，加之农村家庭的富裕，因此，绝大部分的人都希望自己的子女多读书，成为对社会有贡献的人。王庸智这位船山后裔也不例外，也希望自己的子孙成龙成凤，这是社会的进步。可以说，王庸智目前是船山村年龄最大的一位船山后人，也是船山村中对船山了解最多的一位老人。我们祝福他健康长寿，多为船山思想的传承发光发热。

第二节　采访王船山第十代后人——王庸庆

一、采访时间

2019年7月15日

二、采访地点

湖南省衡阳县西渡镇衡阳县文化馆

三、采访对象

王庸庆

四、采访者

衡阳师范学院教师：朱迪光、邓胤龙、陈杨

五、采访对象及亲属简介

（一）王庸庆简介

王庸庆（1943—），邗江王氏第二十一代后人，王船山第十代后人，属生远房（即王船山之子王敔季子后人），是船山第九代后人王勋炳长子。王庸庆生于1943年2月25日，小学学历，1961年与配偶刘章秀（生于1942年12月11日）结婚，育有三子：长子王志伟，1963年生，育有一女王别虹；次子王志亮，1964年生，育有一女王仔依；三子王志辉，1968年生，育有一儿王述科、一女王怡玲。1957 年，王庸庆小学辍学后进入界牌镇瓷器厂当工人，1986 年加入中国共产党。在工作期间，每年都被评为先进工作者，1993 年获评衡阳市市级劳模，1995 年退休。

（二）王庸庆父亲王勋炳简介

王勋炳（1912—1997），邗江王氏第二十代后人，王船山第九代后人，属生远房（即王船山之子王敔季子后人）。王勋炳幼年在曲兰镇读小学，18 岁前往界牌学习制瓷。民国时期，王勋炳与他人合伙开办工厂，并在国民党担任区分部委员。新中国成立后，王勋炳所办工厂改制，实行公私合营。“文化大革命”时期，王勋炳受到影响，先后两次下放务农，1980 年复职。退休后，王勋炳经营烤瓷生意。王勋炳育有三子：长子王庸庆，生于 1943 年，育有三儿一女；二儿子王庸和，生于 1944 年，与王淑谱育有一儿一女，分别是王著斌（现居衡阳县一中附近）和王华伟；三儿子王庸平，生于 1950 年，育有两子，即王著军和王著文。

（三）王庸庆长子王著伟简介

王著伟（1963—），现名王志伟，邗江王氏第二十二代后人，王船山第十一代后人，属生远房（即王船山之子王敔季子后人）。王著伟生于 1963 年 3 月 3 日，大专学历。1971—1979 年，就读于湖南省衡阳县界牌镇陶瓷总厂子弟学校。1979—1985 年，在衡阳县界牌镇当工人。1985—1987 年就读于衡阳师范高等专科学校。1987—1991 年，在衡阳县西渡镇担任美术教师。1991 年至今，在西渡镇担任衡阳县文化馆干部。王著伟妻子姚三热，生于 1968 年 6 月，湖南衡阳县人，高中学历。二人育有一女，名叫王别虹，生于 1993 年 4 月，大学本科学历，现为自由职业者。

六、采访过程

问：您知道您父亲是什么时候到界牌来的吗？来之后就安家在这里吗？

答：我也不太清楚，好像是 1919 年。

问：您读了多少书？参加工作是什么时候？

答：小学都没读完，1957 年参加工作。

问：您父亲在公私合营后在公家的厂里担任什么职务？

答：公私合营后当工人。民国时是国民党区分部委员。1960 年，被打成历史反革命下放乡下。1960 年下放后又复职，“文化大革命”后又被下放，1980 年复职，1980 年退休，退休后做小生意。

问：您父亲公私合营前是什么成分？

答：工商业者。

问：您知道您父亲读了多少书吗？

答：读书不太多，大概读了《四书》《五经》。

问：您父亲是在哪里读的书呢？

答：在曲兰读的小学。

问：您父亲又是因为什么到界牌来的？

答：到界牌当学徒，跟别人学在瓷器上画画，后来又和人合伙开厂，再后来又单干，之后又带了两个侄儿过来，分别是王松甫和另一个表侄。

问：王松甫（又名王庸松）是哪一系的？他住在哪里？

答：王松甫是王勋葵（又名王爱石）的儿子，以前住在我家，后来公私合营后住在厂里。

问：您的父亲是什么时候去世的？葬在哪里？

答：1997 年，葬在界牌白洋皂。

问：他一直都在从事给瓷器画画的工作吗？

答：没有，我父亲后来又做了许多其他的工作，如做瓷器、打底龟、考烤瓷、打杂等。

问：您哪年被评为哪一级劳模？

答：1993 年被评为衡阳市级劳模。我在厂里做事扎实，有能力，年年都被评为先进工作者。

问：您是什么时候退休的？

答：1995 年，工作了 40 年。

问：您父亲跟您讲过一些关于王船山的事情吗？或者家中是否留有关于王船山的书籍？

答：家中没有留下任何王船山的书籍。我父亲水平有限，只跟我们讲过如不要信封建迷信，不要坑蒙拐骗，要做好人。父亲也常说：“在生不祭喉，死后祭壁头。”教育我们老老实实做人，要孝顺父母。我参加工作的时候工资都上交给了父母养家。

问：您父亲对您结婚有什么要求吗？

答：没什么要求，说过不要贪图女方家的财产。我和妻子是经别人介绍于 1962 年结的婚。

问：您爱人读过书吗？

答：没有。

问：您对儿子有什么要求或希望吗？

答：我对儿子要求很严，希望他们都能好好读书。我的大儿子王志伟学画画，也是从小看爷爷画画，受其影响。我对三个儿子的基本要求也是要好好读书。只要他们读得出，读到国外也没有关系。三个儿子都争气，都读了大学：王志伟是衡阳师专毕业的，王志亮是湘潭大学毕业的，王志辉是长沙一个对外贸易学院毕业的。

问：您对儿子讲过关于王船山的什么事吗？

答：主要是他们的爷爷给他们讲过很多关于王船山的事，我那时候比较忙，不在家。

问：您父亲第二次下放后他都做了什么？

答：做农活，到田里去出工，工分和别人一样。

问：您父亲之后回到厂里又工作了多久？

答：没做多久，1950 年就退休了。

问：退休后他还做了什么吗？

答：就在街上卖点小柴，与退休的人合伙做了瓷器加工生意。

问：上次修族谱是不是找了您父亲？

答：对，他还出了钱，我也出了钱。

问：现在您跟王庸军、王述斌还有走动吗？

答：我儿子跟他们联系得比较多，家里有什么生老病死的大事，关系亲一点的还是会告知。

问：王庸清和王勋利同属于族谱中的一支吗？

答：不是的。

问：好的，那接下来我们想问一下王勋利过世后是葬在界牌吗？

答：是的，葬在县塘冲界牌白洋皂。

问：请问王庸清之前是住在界牌还是常宁？

答：原来是住在界牌，后来在衡阳市买了房子。

问：您知道王庸胜（又名王胜利）、王庸五（又名王五一）住在哪里吗？

答：知道，都住在界牌。

问：您知道王庸龙的父亲叫什么吗？

答：王重苘。

问：那王庸龙现在有多大了？

答：64 岁左右，葬于界牌白洋皂。

问：王勋国是过继给了谁？

答：过继给了王传开。

问：您知道界牌这个地方还有其他的王氏后人吗？

答：有，王庸益已经过世了，他的父亲是王勋美。

问：你们一般祭祀是去哪里？

答：春节、清明的时候都会带着家里人去马迹祭祀。

问：那么你们去船山墓祭祀吗？多久去一次呢？

答：去的，经常去。

问：您刚刚说在南京还有王氏后代，在南京的后代属于哪一支的呢？

答：是王勋槐的曾孙女王娟。

问：还有其他的后代在外地吗？是属于哪一支？

答：王勋槐的儿子王凯，在怀化人民医院当医师。

问：在韶关的王氏后人是属于哪一支？叫什么名字？

答：王庸春（又名王迎春），庸字辈，是王著定的父亲。

问：在珠海的又是谁呢？哪一辈的？

答：王著华（又名王伟华）。

问：那王勋美、王庸益是迁到界牌这里来的吗？

答：王勋美是在界牌工作，王庸益是在西渡工作。

问：您知道界牌这个地方是有王氏后人 40 人吗？

答：现在不止 40 人了，我自己家就有 10 个人，父亲这一脉就有 20 多个人了。

问：你们王氏后人有没有想有更多的联系？

答：现在都没有什么很多的联系。

七、采访照片

朱迪光、王庸庆、王著伟合照

采访王庸庆现场

与船山后裔王庸庆、王著伟集体合照

八、王庸庆一脉世系表

王夫之—王攽—王生远—王永纫（级）—王嘉询—王承占—王世逮

（康）—王德望—王传枝—王勋炳—王庸庆。

九、采访感悟

王庸庆是船山后裔中一位较有影响的人，曾获得过“衡阳市劳模”荣誉称号，年年因工作出色被评为先进。他秉承祖训，敬宗孝祖，勤俭持家，体现了船山家风“孝悌传家”的特点。由于他读书较少，所以对船山理论不甚了解，但他谨记父辈教导：不要信封建迷信，不要坑蒙拐骗，要做好人。王庸庆家风严，尤其对子女严格要求，鼓励他们好好读书，因此他的三个儿子都考上了大学，这在中国当时的家庭中确实是一件光宗耀祖的事情。通过王庸庆的事迹，我们可以看到，一个人不管出身如何，只要正直做人、扎实做事，就会取得满意的成绩。

第三节　采访王船山第九代后人王勋保的女儿——王冬娥

一、采访时间

2019 年 7 月 15 日

二、采访地点

湖南省衡阳市衡阳县界牌镇桂花台社区（界牌镇中心小学附近）

三、采访对象

王冬娥

四、采访者

衡阳师范学院教师：朱迪光、邓胤龙、陈杨、何颖、邓明智等

五、采访对象及亲属简介

（一）王冬娥简介

王冬娥，邗江王氏第二十一代后人，王船山第十代后人，属于生远房（王船山之子王敔季子后人），湖南省衡阳市衡阳县界牌镇村民，其配偶居于衡阳县界牌镇桂花台社区，初中文化水平。王冬娥有四个姐妹和两个兄弟，分别是二妹王育娥、三妹王贵娥、四妹王辞娥、小妹王兰娥、大弟弟王朝东、小弟弟王朝北。

（二）王勋保简介

王勋保（现用名王保林），邗江王氏第二十代后人，王船山第九代后人，属于生远房（王船山之子王敔季子后人），湖南省衡阳市衡阳县界牌

村民。王勋保生于1927年，其祖父是王荣生（族谱记名王德定）。王荣生与王庸龙的祖父王求生是堂兄弟关系。王勋保与妻子易氏共育有五女二子，其中五女分别是：王冬娥、王育娥、王贵娥、王辞娥、王兰娥；二子是：大儿子王朝东、小儿子王朝北。王朝东（族谱上记名王庸倦）现居衡阳，育有一子一女，儿子王著阳大学毕业后在深圳工作，女儿王晶（三妹过继）。王朝北（族谱上记名王庸柏）又名王屏，现定居广东中山，育有两子：王著峰、王著重。

六、采访过程

问：您的姓名是什么？

答：我叫王冬娥。

问：您的父亲叫什么呢？

答：王保林。

问：你知道他在族谱上是叫什么名字吗？

答：叫王勋保。

问：你爷爷是叫什么？

答：我爷爷叫王荣生，我还有一个二爷爷叫王求生。

问：王求生也住在这附近吗？

答：那没有，他早就死了，他是王庸龙的爷爷。

问：你和王庸龙是什么关系呢？

答：他爷爷和我爷爷是至亲兄弟。

问：王求生在家谱上的名字是什么呢？

答：那我就不知道了。我爷爷有三兄弟，二爷爷王求生，三爷爷叫什么名字我都搞不清楚了。

问：王勋保的妻子是姓易吗？

答：是的。

问：您父亲是什么时候出生？

答：我爸爸是辛卯年（1927年）的，2017年90岁了。

问：你父亲这边有三兄弟吗？

答：不是，我父亲这边是两兄弟，还有一个叫王勋国。王勋国的儿子叫王梅清。

问：你这个地方叫什么？

答：界牌镇桂花台社区，在界牌小学旁边。

问：这个族谱上没有记女的呀。你有几个姊妹呢？

答：我们家女的没有上谱。我们家有五姊妹：二妹叫王育娥；三妹叫王贵娥，现在潮州；四妹叫王辞娥；小妹叫王兰娥。

问：那你是排行第几呢？

答：我是老大。

问：你还有两兄弟吧？

答：是的。我二弟弟叫王庸柏。

问：那他现在的名字叫什么呢？

答：现在是叫王朝北，也可以叫王屏，现在定居在广东中山。

问：你弟弟王朝北有几个子女呀？

答：有两个儿子。

问：族谱上没有记载吧？

答：没有，修族谱的时候他们两个还没有出生。老大叫王著峰，老二叫王著重。

问：还有一个兄弟呢？

答：还有一个大弟弟叫王庸倦，现在是叫王朝东。

问：王庸倦现在是住在界牌吗？

答：不是，他现在住在衡阳市，儿子王著阳大学毕业后在深圳工作，女儿叫王晶，是我三妹的女儿，是过继给他的。

问：住在界牌老街上的有四户王姓家族，除了你两个兄弟外，还有王胜利、王庸清那两家，你知道他们家的情况吗？

答：那我不晓得，不过你可以打电话给我弟弟，我弟弟都知道。我只知道王胜利和王庸清的爸爸叫王利云。

问：从小你的爷爷和父亲有没有和你讲过有关王船山的事呢？

答：讲过，比如王家后代不出戏子，不唱戏。

问：还有吗？

答：死了以后不开路、不应七，不做道场，要敬祖。其他的我就不懂了。

问：小时候你看到家里面是否保存有王船山的书或资料吗？

答：没有，我没看到过。

问：那老一辈传下来的物件有没有？

答：没有，我家里没有。

问：你们家除了拜祭自己的祖先外，还有没有拜祭过王船山？

答：拜，我爸爸 80 多岁了，走不动了，都还要去拜祭。

问：到哪里去拜祭？

答：就是到船山村的大罗山去拜祭王船山。那座山很难上去，我爸爸都还坚持去拜祭。我就租辆摩托车，在后面扶着他。80 多岁时，他对我说："就带我去看最后一次咯。"虽然不是每年都去，但是隔几年都会去一次。

问：你们在家里的时候有没有祭祖呢？

答：祭祖，每年七月半我们家里都祭拜祖宗。别人是供奉一天，而我爸爸要从农历七月初七供奉到七月十四，整整一个星期。即使是一碗小菜、一碗汤，他都会去拜祖先。"文化大革命"时不能信迷信，他就躲到厨房里去拜。我爸爸说："不是要给很多东西给大人（指先人）吃，你记得大人，就是一碗粥，大人也会高兴的。"

问：你父亲对你们读书有没有要求？

答：一视同仁。我家里当时有七兄妹，虽然家里没有钱，但是我也上了初中。

问：那你父亲在这方面是不错的，一般家里只给男的读书，为什么他却不一样呢？

答：爸爸说念书对社会有用，对自己也有好处。

问：你父亲对你们后代的婚姻有没有什么要求？比如说找什么样的？

答：没有，但是必须要婚姻自愿。其实我父亲对我找的对象看不上眼，因为他家里太穷，长相也不好。但我就看上了他的勤劳品质，就决定嫁给他。爸爸后来把我叫回去，问我为什么看上他了，我说他勤劳，我愿意。我父亲就说勤劳好，他就喜欢勤劳的人。

问：你父亲的勤劳具体体现在哪些方面？

答：他晚上在界牌瓷厂上班，白天还要去砍柴、做农活。别人不愿意去上晚班，他就专门去上晚班。因为我妈妈身体不好，全家人又要吃饭，所以他白天在家里种菜、砍柴，照顾家里，晚上去工厂上班挣钱。每次去砍柴，他都会对我说今天到某某地方去砍柴，下午你要到某某地方去接他。因为路远，砍柴需要很长时间，爸爸没有时间回家吃中饭，我就提着一碗饭或者是一碗红薯坨坨接他。

问：这是什么时候的事？

答：大概是二十世纪六十年代末七十年代初的时候。我还讲一件事给你们听，因为当时粮食很缺乏，吃不饱饭，家里每天的饭都是上面一点点米饭，下面就是红薯坨坨。我父亲最可敬的地方就是每天吃饭的时候，把上面一层的米饭，让给我母亲和大弟弟吃，他吃红薯。后来我在父亲临死前哭着和他说："过去家里苦，吃不饱饭，当时你为什么不吃饭专吃红薯？"他就说："肚子是个钟，越吃越松。"现在，我终于明白了父亲的一番苦心。我父亲实在负担不起家里这么多人，所以宁愿苦自己，只吃一点点。我父亲从不重男轻女，不管生多少，他都高兴。

问：那你两个兄弟怎么样呢？

答：我二弟弟在家的时间不长，我大弟弟王朝东像我父亲一样孝顺。我大弟弟娶了一个好老婆。

问：他老婆叫什么？

答：叫阳红英。他们两个就像父亲和母亲一样孝顺。

问：应该也是你父亲、母亲教得好吧？

答：是的。一代传一代，就是这个规律。我弟媳妇每年三月份才会回来，回来会给我父母准备洗脸水和洗脚水。老人们出去的时候会去搀扶，还会叮嘱他们走好点，不要摔了。

七、采访照片

王冬娥家全貌

与船山后裔王保林女儿王冬娥的合照

八、王勋保一脉世系表

王夫之—王攽—王生远—王永纫（级）—王嘉询—王承嵓（培）—王世连—王德定—王传璜—王勋保—王冬娥（女）。

九、采访感悟

通过对王冬娥的采访得知，王勋保是王船山第九代后人，为人厚道，克己利人，勤劳苦干。王勋保对祖宗恭敬有礼，就算别人都不祭祖了，他都躲到厨房里去拜祭祖宗，其孝子贤孙心天地可鉴。他秉承孝悌传家祖训，宁愿自己挨饿吃苦，也想尽一切办法让子女吃饱。为了照顾家里，他几乎全上晚班，白天的时间用于做农活，做到“两不误”。除此之外，王勋保安贫乐道，对子女一视同仁，这在当时的社会也是难言可贵的。他一生坚守王船山遗训：后人不演戏，不当戏子；先人死后不开路，不应七，不做道场；做人不要忘祖离宗等。

第四节　采访王船山第十二代后人——王述斌

一、采访时间

2019 年 4 月 23 日

二、采访地点

湖南省衡阳市衡阳县曲兰镇竹花村竹花园王述斌（现在名为王如斌）家

三、采访对象

王述斌

四、采访者

衡阳师范学院教师：朱迪光、邓胤龙等

五、采访对象及亲属简介

（一）王述斌父亲王著光（现用名王鹏）简介

王著光，邗江王氏第二十一代后人、王船山第十一代后人，属生远房（王船山之子王敔季子后人），湖南省衡阳市衡阳县曲兰镇竹花村竹花园村民。王著光生于1927年，在其三个月时母亲去世，六个月时父亲去世，被府母太婆抚养。王著光早年在衡阳市东洲岛的船山书院读书（当时每年书院给船山后人免费上学指标一个）。因有文化，王著光最开始在桐梓完小教书，新中国成立后在洪市中学任教（前身是文昌书院），二十世纪五十年代在湖南省立第三师范学校进修，1954年左右调衡阳县第二中学任教。1957年，被打成右派，后来一直在竹花园务农，历经21年直到1978年才平反。平反后，王著光被曲兰中学请去代课，然后一直留在曲兰中学任教。其间，他婉拒了衡阳市政府办公室和衡阳师范专科学校的邀请，一门心思培养孙子王启胜（现用名为王韧）。通过亲戚介绍，王著光在其二十多岁时与邹氏（湘西村水口组村民）完婚，先后育有一子四女：大女儿、儿子、三女儿、满女。后因被划成右派，且受邹氏兄长干涉，王著光与发妻邹氏离婚。离婚后，王著光一人拉扯四个孩子。三个女儿均嫁在曲兰镇，她们均在家务农。1985年，王著光与谢之英再婚，婚后两人一直住在学校。1987年，王著光因病去世，享年60岁，葬于杨梅塘屋后杨梅山。

王著光因有文化，对船山思想、船山家风家训都有较深的研究，曾在《船山学刊》发表过文章，如《缅怀船山公遗像》《王夫之的好友陈天台》等。

（二）王述斌简介

王述斌，邗江王氏第二十二代后人，王船山第十二代后人，属生远房（王船山之子王敔季子后人），湖南省衡阳市衡阳县曲兰镇竹花村竹花园村民。其父王著光，其母邹氏。生于1948年（族谱记载为1949年），父母离异后跟随父亲，在大塘小学上了两年半学。1971年和第一任妻子邹氏结婚，两人育有一儿一女。子为王启胜，儿媳名为陈洁。王启胜大学毕业，现在衡阳市衡钢中学教书。其女于广州番禺区开办企业，女婿名为林明冬。王述斌女儿曾考上衡阳县一中，但因家庭贫困，便辍学前往广东打工。1987 年，王述斌接替父亲工作在曲兰镇中学做老师，后来被安排去学校后厨当工友。其第一任妻子邹氏于 2004 年去世，目前与第二任妻子生活在老家。

（三）王启胜简介

王启胜，邗江王氏第二十三代后人，王船山第十三代后人，属生远房（王船山之子王敔季子后人），其父王述斌，其母邹氏。王启胜生于 1974 年，大学文凭，四岁被王著光带在学校里面。王启胜在湘南学院求学期间与妻子陈洁相识。陈洁系湖南省衡阳市衡东人，生于 1975 年。两人于 2000 年完婚，2006 年育有一子，名为王赫。去年王启胜前往西藏支教（支教两年），支教前与妻一同在毕业所分配之地——衡阳市衡钢中学任教，其妻目前依旧在衡钢中学任教。

六、采访过程

问：首先想问您一个问题，您知道您这一房是过继的吗？

答：知道的，本来是三房的，后来划到二房了。

问：好的，那接下来我们想了解您父亲的相关情况。

答：好的。

问：请问您父亲王著光生于哪一年？

答：1927 年。

问：您知道您父亲的身世吗？

答：知道。我父亲只有三个月大时他的母亲就去世了，六个月大时他的父亲又去世了。我父亲后来是由养母（王著光伯母，王氏家族的人称其为府母太婆）带大的。

问：你父亲哪一年参加工作？

答：1948 年或 1949 年。

问：是还没解放就去当老师吗？

答：是的。

问：您父亲在哪里教书？

答：桐梓完小，新中国成立后到洪市中学（前身是文昌书院）教书，1954 年左右又调到衡阳县第二中学。二十世纪五十年代到三师进修，进修回来后教高中。1957 年，在衡阳县第二中学被打成右派，主要是因为人太正直、诚实了，得罪了当时的校长，打成右派后就回家（竹花园）务农。

1978 年平反后，曲兰中学请我父亲去代课，后来就一直在曲兰中学教书。衡阳市办公室叫他去工作，他不愿意去，衡阳师范专科学校请他去，他也不愿意去，只想在家一门心思培养自己的孙子（即王述斌的儿子——王启胜）。

问：您父亲教书之前在哪里上学？

答：东洲岛船山书院，不过以前好像不叫船山书院。新中国成立前船山书院每年都会给我们王家一个免费上学的指标。

问：您父亲是如何教育你们的呢？

答：因为家境贫寒，我们家总是受生产队的人欺负，但是父亲总是教育我们做人要规规矩矩。

问：您清楚您父亲的婚姻情况吗？他和第一任妻子，也就是你母亲，大概什么时候结婚的？

答：二十多岁结婚。

问：您母亲是哪里的人，姓什么？

答：湘西村水口组，姓邹。

问：他们两个人怎么结识的？

答：经过别人介绍认识的。那个时候我父亲还有一份体面的工作，是老师。

问：那两个人又是什么时候分开的呢？

答：在父亲划为右派后，因为我舅父的干涉而离婚。

问：您父母离婚后您跟谁一起生活？

答：跟父亲，父亲还带了我的三个姊妹，不过我们四个一直待在老家（竹花园）。

问：工作的时候您父亲会把您带在身边吗？

答：只带了一年。

问：那您父亲是哪一年去世的？

答：1987 年，活了 60 岁。

问：您以及您的父亲手里有王船山的资料吗？

答：有六修族谱。

问：那五修的还有吗？

答：五修的早就没有了。

问：那您父亲有没有留下来一些东西呢？比如手稿之类的。

答：因为父亲再娶了一个，所以一些东西都在她那里。

问：那您继母还在吗？

答：还在。

问：那您和她还有联系吗？她住在哪里呢？

答：没有联系了，所以我也不是很清楚。

问：您继母姓什么？做什么工作的？

答：姓谢，叫谢志英，是农民，石砌人。

问：您父亲什么时候和继母结婚的呢？

答：1985 年，结婚后他们一直住在学校。

问：这个房子是您父亲留下来的吗？

答：这个是我自己建的，我父亲以前的房子是土砖房。

问：您手里现在还有没有您父亲生平相关的资料呢？当年您父亲去世的时候开追悼会，学校有没有派人来悼念呢？

答：当时没有开追悼会，当时市里、县里没有派人过来，学校的校长和教务主任来了。

问：您还记得家谱里面的内容吗？知不知道家谱中有哪些规定呢？你们一家人了解《传家十四戒》吗？

答：知道一点，有不准后人做和尚、不准杀猪、不准做师公的规定。知道《传家十四戒》，但不能背诵出来。

问：您所知道的这些是您父亲跟您说的，还是整个家族流传下来的呢？

答：是父亲跟我讲的。

问：那您跟您儿子讲了这些没有？

答：我儿子四岁时就被我父亲带到学校去了，我父亲可能跟他讲了，我没有跟他讲。

问：那您还记得家谱中的其他内容吗？

答：还有祭祖时不迷信、不烧纸屋、不准念经、不信僧道，但是可以点香烛、烧香、烧纸钱、上祭品。

问：你们是从什么时候开始祭祖的？又是在哪里开始祭祖的呢？

答：新中国成立前就开始了，九月初一祭祖，是在衡阳市王衙坪那个祠堂（船山祠堂）里进行。

问：那新中国成立后在哪里祭祖？

答：新中国成立后就没有祭祖了。

问：以前是在湘西草堂祭祖，您有没有去过？

答：我没有去过。

问：那您的儿子孙子也没去过吗？

答：都没有去过。

问：您父亲葬在哪里呢？

答：杨梅塘屋后杨梅山。

问：您的祖父也葬在那里吗？

答：没有，葬在大罗山。

问：接下来想问一下关于您的情况。

答：好的。

问：您今年多少岁？

答：71 岁了。

问：但是族谱上面记载您是 1949 年出生的？

答：不是的，我是 1948 年生的。

问：身份证上记载的也是 1948 年吗？

答：不是，我是因为要接父亲的班，所以父亲把我的出生日期改成了 1954 年。

问：您是什么时候接您父亲的班的？

答：1987 年。

问：那您的学历怎么样呢？在哪里读书呢？

答：在大塘小学读了两年半的书，然后就没有读了。接父亲的班当老师，后来被安排在厨房当工友。

问：那您父亲对你们找对象有什么要求和安排？

答：父亲很着急，怕我找不到对象。当时家里很穷，我是通过扁担亲娶到我的第一任妻子的。1971 年，我和第一任妻子结了婚，生了一个儿子一个女儿。第一任妻子在 2004 年去世，后来我又结婚了。

问：您儿子叫什么？

答：族谱上叫王启胜，身份证上是叫王韧。

问：您儿子是什么时候结婚的？

答：儿子是 1974 年生的，在 2000 年结婚，已经生了孩子。

问：那您孙子是什么时候出生的呢？叫什么名字呢？

答：2006 年出生的，叫王赫，是“长”字辈。

问：那您的儿媳妇叫什么？

答：陈洁。

问：您儿媳什么时候出生的？

答：比我儿子小一岁，1975 年出生的。

问：她是哪里的呢？

答：湖南省衡阳市衡东县的。

问：衡东哪里人？

答：这个我就不知道了。

问：那您知道他们是怎么认识的吗？

答：在湘南学院读书认识的。

问：那您儿子现在哪里工作？

答：现在在西藏支教，2018 年去的，要去两年。

问：他去支教前是在哪个单位工作呢？

答：在衡钢中学，从湘南学院毕业后分到衡钢中学任教。

问：您儿媳妇在哪里工作呢？

答：也在衡钢中学教书。

问：那您的女儿结婚了吗？

答：女儿自己在广东广州番禺区办了公司。

问：你女婿叫什么？

答：林明东。

问：你儿子是通过读书才过上好日子的，那你女儿呢？

答：是我没用，那一年女儿初中毕业，考上了县一中，儿子是高中毕业，考上了大学。那时候我只有六七十块钱一个月，两个毕业生我送不起。所以女儿读完初中就没读了，去广州打工。

问：您觉得您的后人生活得怎么样呢？

答：后人过得还可以，就是我们自己这一代不行。

问：你们家有四姊妹，她们都在做什么工作？

答：我有一个姐姐，两个妹妹，她们都在务农。

问：您姊妹她们出嫁，您父亲是怎么处理的？

答：我一个妹妹是扁担亲，因为父亲没能力去管了。她们都是嫁在本地，都在曲兰镇。

问：这隔壁一家（右边）和你什么关系。

答：他家和我家同姓。屋主叫王庸军，比我大两辈。

问：左边这一家呢？

答：王庸双。

七、采访照片

王著光遗像

采访现场

王述斌夫妇

八、王述斌一脉世系表

王夫子—王攽—王生远—王永纫（级）—王嘉询—王承占—王世逮（康）—王德东—王传祥—王勋棠—王庸科（抚子）—王著光（王鹏）—王述斌—王启胜（王韧）。

九、采访感悟

王述斌是王船山第十二代后人，为人正直，讲规矩，严格遵守祖先遗训精神，有先祖遗风，不巴结领导，老老实实做人。王述斌传承了船山家风，敬祖宗，不迷信，坚持丧事时不烧纸屋、不念经、不动用僧道，嫁女不收取彩礼钱。由于其文化水平不是很高，对船山理论知之甚少。虽然王述斌是吃“公粮”的人，可他与当地农民没有任何区别，住在祖居地败叶庐，衣着朴素，每天到田间劳作，过着与世无争的乡间生活。从这些小事中，我们可以看出船山家风对他们的影响——本分做人、清贫乐道。

第五节　采访王船山第十代后人——王庸军

一、采访时间

2019 年 4 月 23 日

二、采访地点

湖南省衡阳市衡阳县曲兰镇竹花村竹花园王庸军家

三、采访对象

王庸军

四、采访者

衡阳师范学院教师：朱迪光、邓胤龙等

五、采访对象及亲属简介

王庸军，邗江王氏第二十一代后人，王船山第十代后人，属生远房（王船山之子王敔季子后人），湖南省衡阳市衡阳县曲兰镇竹花村竹花园村民。王庸军生于1968年，其父亲王勋学于2018年去世，母亲健在，并随其一起生活。目前王庸军还有一个哥哥王庸买和一个弟弟王庸国。王庸军与妻子邹氏育有两个儿子——王瑶、王允。大儿子王瑶生于1997年，现在广州打工，儿媳妇叫刘丹，现在在衡阳县金兰镇金兰医院工作，两人现育有一个三岁的儿子——王泽盛。小儿子王允生于2002年，目前和其兄长王瑶一起在广州打工。

六、采访过程

问：请问您的父亲叫什么名字呢？

答：王勋学，我父亲是2018年去世的。

问：您的妻子贵姓？

答：姓邹。

问：您现在是在外面做什么工作呢？

答：在曲兰镇做模工。

问：您有几个孩子呢？

答：两个孩子。大儿子叫王瑶，1997年出生。他妻子叫刘丹，现在在衡阳县金兰医院工作，他们两个已经有一个三岁的孩子，叫王泽盛。我的小儿子叫王允，2002年出生，目前和哥哥一起在广州做事。

问：小儿子今年只有17岁，没有读书了？

答：早就不读了。

问：为什么呢？是因为家里条件不好，还是别的原因？

答：我的两个孩子因为成绩不好都辍学了。

问：您哥哥现在怎么样呢？

答：哥哥王庸买还没有结婚，天天游手好闲。

问：那您弟弟呢？

答：他管着我父亲，父亲去年去世了。我管母亲。

问：你们这一家有没有通过读书后才有出息的，或者是当公务员的？

答：我弟弟王庸国的孩子读书还可以，叫王耿。

问：能简要介绍一下他的情况吗？

答：王耿，1996年出生，毕业于湖南科技大学。前年开始工作，现在在深圳，做外观设计工作，还没有结婚。我弟弟还有一个女儿读完初中之后就去读卫校了。

问：那你们清明还祭祖吗？

答：还是会祭祖的。去年七月半，我特地从珠海赶回来祭祖。

问：那您家里现在有族谱吗？

答：有，是六修的。

问：那您还知道谁有五修族谱吗？

答：住在我后面的，叫王庸楠，以前和另外三个人一起参与了族谱的六修，他应该有五修的族谱。

问：您知道王船山吗？

答：知道，是我们的老祖宗。

问：那您知道他的《传家十四戒》吗？

答：稍微懂一点点。

问：那您能说说里面的内容吗？

答：好像有不迷信、不烧纸屋、不准念经、不信僧道等之类的。

七、采访照片

采访王庸军现场

八、王庸军一脉世系表

王夫之—王攽—王生远—王永纫（级）—王嘉询—王承占—王世

（远）—王德洸—王传梅—王勋学—王庸军。

九、采访感悟

王庸军是王船山第十代后人，农民，书读得少，文化程度不高，为人本分，尽一个人子之责，为父母养老送终。王庸军对船山遗训略知一二——不迷信、不烧纸屋、不准念经、不信僧道等，也一直坚持着，这也是他对船山家风传承唯一的贡献。

第六节　采访王船山第九代后人——王勋槐

一、采访时间

2019 年 4 月 23 日

二、采访地点

湖南省衡阳市衡阳县曲兰镇湘西村堆子组鸿曦楼王勋槐（现在名王国文）家

三、采访对象

王勋槐

四、采访者

衡阳师范学院教师：朱迪光、邓胤龙等

五、采访对象及亲属简介

（一）王勋槐简介

王勋槐，生于 1945 年，邗江王氏第二十代后人，王船山第九代后人，属生兹房（王船山之子王敔仲子后人），湖南省衡阳市衡阳县曲兰镇湘西村堆子组村民。其与妻邹氏共生育两个儿子三个女儿。王勋槐在曲兰中学就读了一年便辍学回家务农，后子承父业成为一名泥工。1985 年经人介绍入党，曾担任过三年村支部书记，2014 年退休。主持修建了湘西村小学，帮助村里办乡镇企业，在当地算得上一个响当当的船山后裔。

（二）王庸意简介

王庸意（现用名王意忠），王勋槐大儿子，邗江王氏第二十一代后人，王船山第十代后人，属生兹房（王船山之子王敔仲子后人），湖南省衡阳市衡阳县曲兰镇湘西村堆子组村民。王庸意生于 1974 年，与朱氏结婚后育有一子——王著辉。目前，王庸意在曲兰镇上做生意。

（三）王庸伟简介

王庸伟（现用名王伟忠），王勋槐二儿子，邗江王氏第二十一代后人，王船山第十代后人，属生兹房（王船山之子王敔仲子后人），湖南省衡阳市衡阳县曲兰镇湘西村堆子组村民，大学文凭。山西某大学毕业后在广州创业开办企业，其妻在大学城教书，两人育有两个孩子，大女儿王一帆生于2015年，小儿子王一谦生于2018年。

六、采访过程

问：您了解王船山的家风家训吗？

答：我知道《传家十四戒》。

问：那您都知道《传家十四戒》里面的什么内容呢？

答：我知道的有几点：一是不准做僧道，不准做官；二是嫁女不准收彩礼，也不准离婚；三是不信迷信，葬礼不请和尚，不开路。船山的后代不能搞这些活动，一旦某个人去世了在家停两天就下葬，这也是遵循了船山的遗风，一切从简。

问：那您会跟您的孩子说这些吗？

答：肯定会，我小孩都晓得。

问：是您告诉他们的吗？

答：我在家里也和他们说这些，我父亲从小也告诉我这些家训家规，有些是孩子他们自己看书抄下来的。主要是口口相传以及看书传承。

问：您现在育有几个孩子呢？

答：两个儿子三个女儿。

问：您的父亲跟您的爷爷都是从事什么工作呢？

答：我爷爷是木工，我爸爸是泥工。他们主要务农为主，闲时也做点木工、泥工。那时候就是做苦力，没有田，只能租田。土改后才有了自己的田。

问：那你们有自己的房子吗？

答：就是现在的这个房子。

问：您的学历如何？读了多少书？

答：读到初中就没读了。

问：那您在哪里读的呢？

答：在曲兰中学读了两个学期。

问：那您现在是农村户口还在城镇户口呢？

答：当然是农村户口。

问：您爷爷、父亲他们在家风方面都是怎么教育你们的？包括做人、待人接物方面，他们跟您讲过吗？

答：这个就是代代相传。我父亲原来就跟我讲，你在社会上，要诚实、勤劳、待人要谦虚，不义之财一概不要。

问：您会把这些告诉您儿女吗？

答：我告诉我儿女不要犯法。犯法就要坐牢，坐牢的话一辈子就完了，一定要遵纪守法。

问：那您儿子们现在在哪里工作呢？

答：老大在家里，老二在广东那边。

问：那王氏家族在湘西村这边的有多少户？

答：主要就是湘西村的三个组，有堆子组、大交组还有郑家组。目前住在堆子组的王氏后人有 180 多人，大交组有 60 多人，郑家组有 20 多人。

问：那在湘西村周围的村还有王氏家族吗？

答：还有界牌、长乐关市、四彩组、竹花村。

问：堆子组这边有多少户船山后裔？

答：30 来户。

问：那他们跟您一样都是生兹的后人吗？

答：都是，长乐那边就不是。

问：您是什么时候入的党？

答：我 1985 年入的党。

问：您为什么入党？您当时是怎么想的？

答：我当时是不肯入的。

问：那是谁让您入的党呢？

答：村里的领导跟我说要我入党，我不想入，于是他们就劝了我四个月。

问：那当时您为什么不愿意入党呢？

答：我对当干部不感兴趣，我是船山的后代就要守着船山的祖训，把家庭建设好，教育好儿子就行。

问：据了解，您做村支部书记做得挺好，还多次被评为优秀村支书。

答：那几乎年年都拿了优秀村支书称号，所在支部都是“红旗支部”。当时村里创收，我就建了学校，全部都是自己弄，没有资金的话都是这里出一点钱，那里出一点钱，就建起了湘西村小学。

问：当时建这个小学花了多少资金呢？

答：建学校花了 14 万，没贪过一分钱，当时就是一心想把这个事搞好。

问：据说您还帮助村里把企业办好了？

答：是的，那三年都在帮助乡镇企业，一心一意做企业，做脱产干部。在当干部的时候没拿过人家一包烟。

问：您不愿意当干部，那您儿子愿意吗？

答：也不准。

问：这个湘西村小学是您花了这么大力气建起来的，你想把它办得怎么样？你当时有什么想法？

答：我就想小孩子有一个好的环境安心读书。

问：您这是在着力于改善教学环境。那您作为书记怎么来关怀村里的老师呢？

答：我是每年开学的时候开个会，到期终再开个会，既给老师开会也给学生开会，要求学生爱护教室，好好学习。

问：那 1985 年以后到现在这三十多年里，村里培育了多少个大学生？

答：大学生啊，那就多了，起码上百个。

问：那这一百多个大学生里面，王家又有多少？

答：加起来应该是十几个，大交组有几个，其他组的搞不清楚。

问：你在做书记的时候对王氏会有什么不同吗？

答：那没有。

问：那王氏家族的人会在背地里说您连自家人都不偏袒、不照顾吗？

答：肯定讲过的，当时我在生产队当书记的时候，同族人还当着我的面讲过。但我的思想就是不徇私，我有自己的原则。

问：据说您没有参与修谱，为什么呢？

答：不参与主要就是不想搞宗派。而且我当时在当书记，村里平常有这么多事情要做，根本没有时间和精力去搞别的事。做一件事情要有一定的时间精力，不能分散。这也是典型的船山思维，一心一意做一件事，不去分散精力。像祖宗船山公，他一门心思只在家里看书写东西，绝对不到外面去做官，跟外面的人交往都很少。

问：您没有很高的学历，那您会督促您的孩子好好学习吗？

答：我大儿子没读书，小儿子和小女儿读了大学，小女儿读的是农中，现在在农业局工作，其他几个没读。

问：那您的孩子不愿意读书时，你批评过他们没有？

答：我也批评他们。有的听了就认真读了，就读了大学，有些不听的就没读出来。现在小儿子的老婆在大学城教书。每年暑假，小儿子没时间回来，儿媳妇就带着孙回来看望我们。

问：那这应该都得益于你教育得好吧。

答：是的，我自己要带好样，比如我父亲不打牌，我也不打牌，我也不让儿子他们学习打牌。

问：您和其他的船山后裔有什么来往吗？

答：那有，我还去过王新屋。

问：那您与船山村的亲戚有来往吗？

答：以前有，20 世纪 90 年代我们湘西村与船山村，因为下葬“演戏”“烧纸屋”的事情打了一架，这个事还闹到曲兰乡里去了。我们村就坚决不要这些花里胡哨的做法，只求一切从简。

七、采访照片

王勋槐夫妇合照

采访现场

八、王勋槐一脉世系表

王夫之—王敔—王生兹—王永绂—王嘉皆—王承磷—王世闾—王德观—王传叶—王勋槐（王国文）。

九、采访感悟

王勋槐是王船山第九代后人。因表现好，1985 年经人介绍入党，担任过三年湘西村支部书记职务。重视教育，主持修建了湘西村小学，为当地老百姓做了一件实事、好事。王勋槐本来遵循船山家训，是不愿意做官的，但因他有魄力、有闯劲，获得了村民及政府的认可，非要他担任村支书。他在任期内，首先做到不贪，办事公正，坚持原则，不偏袒本族乡民，一切按照规章制度办事，是一位经得起考验的干部；其次，全身心地投入工作，帮助村里办乡镇企业，带领村民发家致富，在当地算得上一个响当当的人物。王勋槐秉承祖训，为人厚道，牢记父辈的教育——做人要诚实，待人要谦虚，要遵纪守法，不义之财不能要。对《传家十四戒》有一定的了解：不准做僧道，不准做官；嫁女不准收彩礼，也不准离婚；不信迷信，葬礼不请和尚，不开路，一切从简，并努力遵循。20 世纪 90 年代末期，王勋槐曾代表湘西村带领一些本族子弟到船山村去参加王勋珊的葬礼，因王勋珊的妻子要求“演戏”“烧纸屋”“应七”等活动，这显然违背了船山家训，于是王勋槐与船山村的村民交涉，双方在处理过程中产生了冲突，还打了一架，这个事最后还闹到曲兰乡里去了。由此观之，王勋槐确实是一位船山家风的守护者、传承人。此外，王勋槐还将这些祖训告诫自己的儿孙，教育他们要像祖宗船山公那样，一门心思只在家里看书写东西，绝对不到外面去做官，所以他的两子三女，只有小儿子和小女儿在外工作，其余三人都在家务农。

第七节　采访王船山非遗文化传人——王著豪

一、人物介绍

王著豪，王船山第十一代后人，属生远房（王船山之子王攽季子后人），湖南省衡阳市衡阳县曲兰镇湘西村大交组村民。王著豪是《王船山传说》非遗传承人，生于1957年，5岁开始上小学，就读于大塘学校，10岁在曲兰中学读初中，12岁在衡阳五中（洪市五中）读高中，1971年14岁时高中毕业。从2015年开始，他承担《王船山传说》非遗传承工作，从事弘扬船山文化、船山思想以及船山家族家风整理工作。目前，已经整理书写了关于船山公的二十多个故事，有四万多文字，等待公开出版。

家庭成员：妻子颜菊香，1957年生，农民；大儿子王奇峰，1981年生，大儿媳朱桃秀1985年生，大孙子王宇航2007年生；二儿子王波1986年生，二儿媳王秀娟1987年生，二孙子王宇宙2010年生，孙女王钰洁2012年生；三儿子王天琪1987年生，未婚。

二、人生经历

1971年，王著豪高中毕业后，于1973年经大队推荐进入曲兰人民公社文工团，一干就是三年。1976年曲兰人民公社招聘电影放映员，王著豪在全公社百多名考生中，以最优异成绩被公社录取，以招工招干形式成为人民公社第一代胶片电影放映员，开始了走街串巷放电影的工作。此工作一干就是几十年，一直干到胶片电影退出历史舞台。

2015年，由于是船山后裔，且有文化，热心公益事业，王著豪开始担任《王船山传说》非遗传承工作，主要从事弘扬船山文化，船山爱国、爱民族的优秀传统思想以及船山家族家风传承研究等工作。至今，王著豪还在孜孜不倦地收集、整理船山故事。

三、故事讲述（讲述人王著豪）

船山家族在当地是一个小家小族，总人口到如今还不超过五百人。特别是在我们家族中，中老年人没有几个文化人，一般都是小学毕业，还有一部分人是文盲。在这些中老年群体中，了解我们老祖宗王船山的确实少之又少，只知道自己是太祖王船山的后人。我们的老祖宗王船山先生的思想影响了我国近代史上的一些杰出人物，从而受到世人的关注和崇拜，在当今社会享有崇高地位。

早在八十多年前，我们家族有一个传统的祭祀节，祭祀节的地址在今天的湘西草堂，它是我们船山家族的宗祠，原名船山祠。我们家族在每年农历九月初一日晚上子时，到船山祠开祭，参加祭祀活动的人员是家族所有男丁。但是生若房和生苍房因历代单传，人口少，不分男女都可参加。祭祀时，另外特留有四桌客位席，分别是：船山公亲家、女婿朱氏家族两桌，另两桌是船山公孙女婿，敔公之女婿邹氏家族。

九月初一子时是船山公的生辰。在祭祀节中我们家族的长者都要宣讲一下我们太祖船山公的生平事略，和太祖船山公遗传下来的《传家十四戒》《家训五则》（注：此处有误，《家训五则》不是船山留下的），从而让我们后人代代相传。特别是《家训五则》使我们后裔受益匪浅：一为侍奉父母，二为和睦兄弟，三为友爱乡邻，四为品行端正，五为勤奋本职。

我们家族在太祖船山公《传家十四戒》和《家训五则》的影响下，从没有出现过不侍奉父母，不孝敬爹娘，儿媳不孝敬公婆的现象。我们家族不但兄弟和睦，而且整个家族都非常和睦。我们族人从来都是个个奉公、人人守法，没有人干过违法乱纪的事，个个品行端正。我族子孙如今务农、务工、从商，个个都是以勤奋为本职，勤俭节约。我们家族做白喜事从不铺张浪费，不大操大办。白喜事不应七、不烧纸屋，不请和尚念经，整个家族从不信迷信，不搞任何迷信活动。我们家族嫁女不要求男方彩礼，嫁出去的女孩从来都是从一而终。我们家族嫁出的女孩从来是孝敬公婆的贤妻良母。我们船山后裔从没有人违背过太祖定下的《传家十四戒》和《家训五则》，都是以表率的身份立于后世。

如今我们家族因湘西草堂（船山祠）被省文物局征收为国家级重点文物保护单位，因而我们家族现今没有祭祀先祖的宗祠，从而失去了几十年的祭祀传统活动。在没有家族宗祠的情况下，我作为非遗传人，只能是找我们族人收集、整理船山故事，并把这些故事争取能够刊发或者公开出版出来，尽力把船山文化、船山思想继承、弘扬开来，做到代代相传，让我们的后代能了解、传承船山文化、船山思想。

我担任非遗传承人以来，目前已经整理书写了太祖船山公即将失传的二十多个故事，有四万多文字，还有二十来个故事，五万多文字正在收集、整理中。

四、王著豪部分照片选登

整理非遗文字

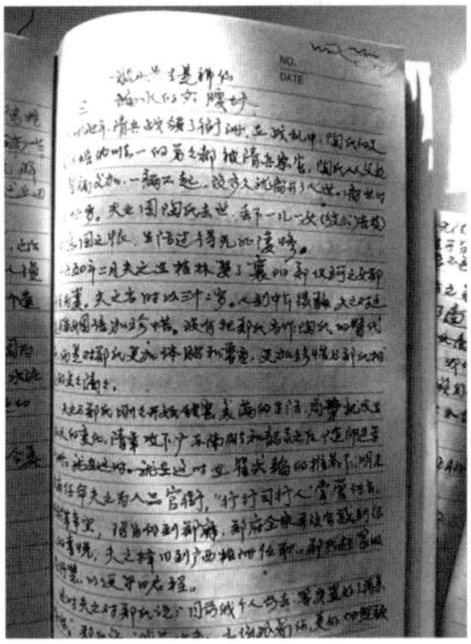

整理手稿

五、王著豪一脉世系表

王夫之—王攽—王生远—王永级—王嘉询—王承占—王世逮—王德望—王传枝—王勋葵—王庸松—王著豪（王崇豪）—王述峰、王述波、王述琪。

六、采访感悟

王著豪是船山第十一代后人，高中毕业，在船山后代中算文化程度比较高的，对船山家训了解较多。首先，王著豪非常崇拜其先祖王船山，以船山后裔为荣，主动做船山文化非遗传承人，积极整理船山的民间故事传说，为传承船山思想及精神贡献一分力量。其次，王著豪在生活中也努力遵从祖训，尤其是对《传家十四戒》和《家训五则》深有研究，并以实际行动诠释着“忠君爱国”“孝悌传家”“安贫乐道”“不信僧道”等船山家风的特点。基于此，王著豪在现实生活中注重侍奉父母，兄弟和睦，奉公守法，勤奋本职，勤俭节约，不信迷信，丧事不应七、不烧纸屋，不请和尚念经，嫁女不收彩礼。他不但自己坚守这些船山训诫，还教育子女和族人都共同遵守，在船山家风传承方面做了许多有益、有效的工作。

第八节　采访王氏后裔——王军

一、采访时间

2019 年 7 月 16 日

二、采访地点

湖南省衡阳市衡阳县关市乡胡井村（三阳村）王新屋组王军家

三、采访对象

王军

四、采访者

衡阳师范学院教师：朱迪光、邓胤龙

五、采访对象及亲属简介

（一）王著作简介

王著作（1914—1946），邗江王氏第二十二代后人，王介之第十一代后人。生有两个儿子，大儿子王健生，小儿子王荣生。父亲为王庸强。

（二）王健生简介

王健生（族谱名为王述倦）（1941—2015），邗江王氏第二十三代后裔，王介之第十二代后人，“述”字辈。教了四十多年的书，在关市内的很多学校都教过书。2015 年去世，葬于王新屋对面岭。生有两个儿子，大儿子叫王军，小儿子叫王小军。王小军吉首大学毕业后在山东潍坊市某公司工作，2002 年生了一个女儿叫王淑娴。

（三）王军简介

王军（1969—），邗江王氏第二十四代后裔，王介之第十三代后人，族谱名称为王启柏。双溪中学初中毕业，现在担任村支委，主要是从事财务会计。与黄六英（生于 1972 年，初中毕业）育有一女一子。大女儿王雪芹，也叫王艳，生于 1993 年 7 月，在衡阳县江山中学高中毕业后就去广州打工；儿子叫王振华，生于 2001 年 2 月，在衡阳县职业中专毕业。

六、采访过程

问：六修族谱中有你们家的记录吗？

答：没有看到。

问：您爷爷讲过你们什么时候迁到这里来的吗？

答：这个我不知道。但是我爷爷讲过王船山和王介之两兄弟都在这里住过一段时间。

问：你们这里有地方叫雷公坪逆毛冲、仁凤桥林家屋、老虎皂吗？

答：没有听说过，但是雷公坪这个地方听过，但是不知道在什么地方，这附近没有雷公坪这个地方。

问：王介之和他妈妈之前住在这里，好像是住在王老屋，对吧？

答：是的，王介之的后人住在王老屋，王船山的后人就住在王新屋。

问：王氏家谱总共十本，上次来访，只看到了七本，还有三本关于王船山的都丢了，那这三本是什么时候丢了的呢？

答：总共有十本，但是关于王船山的三本都丢了，民国时期，在我爷爷手上丢的。现在还有《四书笺解》的影印本。

问：你爷爷什么时候去世的。

答：我父亲三岁的时候我爷爷就去世了。我父亲是 1941 出生的。

问：你爷爷去世得早，那你父亲跟你讲过王船山的事吗？

答：没有讲过。

问：那家谱是怎么到你手里来的？

答：就是一路传下来的。

问：那关于家谱有什么交代的吗？

答：因为我爷爷去世得早，爷爷去世的时候父亲只有三岁，什么都不懂，所以也没有交代什么。

问：父亲跟你讲过王船山的事没？

答：讲过，也不多。我听他说，王船山和他哥哥把房子建起来后，在这里待的时间不长。建房时费了很大的力，房子是“三进六横”的。

问：这个老房子什么时候没有的？

答：我也没见过这个老房子，但是有一间堂屋我见过。在二零零几年的时候全部倒塌了。

问：前面这个坪包括你们现在的房子都是在之前的地基上建的吗？

答：是的。

问：你读过船山的书吗？

答：在上学的时候读历史读到过一点点。

问：修六修族谱的时候曲兰镇湘西村那边的人有联系过你们吗？

答：之前从来没有联系过。

问：那为什么又找到这里来了呢？

答：是湘西村那里的老人说的，所以他们找过来了。他们是二十世纪八十年代找过来的。

问：现在有来往吗？

答：自从那次来了一次，一直到现在都没有来往。

问：当时为什么没有和曲兰那边合作修族谱呢？

答：因为我那时候还小，我不清楚。原因我知道一点点，就是我们这边有两户人家不愿意出钱，所以没有参加六修族谱。

问：你对小孩有什么要求？

答：严格要求小孩，好好读书。以前小孩也跟着我们下田干农活。

问：对孩子的婚姻有什么要求？

答：这还得看他们自己，顺从他们自己的意愿就好了。

问：一年中什么时候会祭祀先人？

答：每年过年的时候在堂屋里面祭祀。每年大年初一上山给先人上坟拜地年。七月半的时候每家每户在自己家里面拜祭。

问：这边人过世以后会请和尚道士之类的吗？

答：都请的，和当地一样，没什么区别。

问：你们去过曲兰那边拜祭吗？

答：没有，我们没有去他们那边，他们也没有去我们这边来。

问：现在附近有多少户是属于船山后裔的？

答：在关市的后人总共十二户，十一户都住在王新屋，一户在王老屋，就是我叔叔。

问：你叔叔叫什么？

答：王荣生（族谱名为王述芽）。

问：生于什么时候？

答：1943 年正月出生，2009 年去世。

问：他的妻子叫什么？

答：刘桂香，生于 1953 年 3 月，也是 2009 年去世的。

问：你叔叔的子女叫什么？

答：大女儿王桥英，1974 年出生。小儿子王辉，1977 年出生。

七、采访图片

王新屋组王氏后裔原祖宅地基

王军家正面照

访谈现场

王军与母亲合照

关市胡井村（三阳村）王新屋组王刘宗祠照片

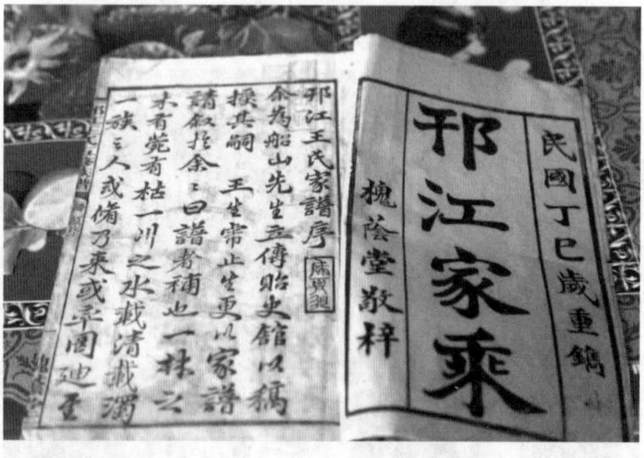

《邗江王氏五修宗谱》照片

合影

八、采访感悟

开始，我们以为关市王姓人员也是王船山后裔。后经过认真查找资料，我们发现关市王家新屋王军一脉非王船山后人，而是王船山哥哥王介之的后人。许多人认为，关市有王船山后裔，并把王船山后裔分布地点概述为曲兰、界牌和关市，这是不对的。我们通过对关市王家新屋王军等人的采访、调查，认为他们对船山家风家训以及《传家十四戒》都不是很了解，而且在操办丧事时，动用和尚道士，与湘西村的船山后人有较大的区别，这也与船山家风特点“不信僧道”是不相符的。但在采访中，我们感觉他们还是遵守了“孝悌传家”“安贫乐道”的王氏祖训。

第九节　采访王氏后裔——王春桥

一、采访时间

2019 年 7 月 16 日

二、采访地点

湖南省衡阳市衡阳县关市乡胡井村（三阳村）王新屋组

三、采访对象

王春桥

四、采访者

衡阳师范学院教师：朱迪光、邓胤龙

五、采访对象及亲属简介

（一）王春桥简介

王春桥（1968—），邗江王氏第二十三代后人，王介之第十二代后人，属“述”字辈。衡阳县二中毕业，与刘忠连（生于1971年，初中肄业）育有两女一儿。大女儿叫王霞，1993年出生，现已出嫁；二女儿王婷，2001年出生的，现在在广州打工；儿子王恒，2004年出生的，在读高中。

六、采访过程

问：您知道您在族谱中是哪个字辈的吗？

答：不知道。

问：您父亲叫什么名字？

答：王炳生。

问：您父亲是什么时候出生的？

答：这个我就不知道了。大概是1921年生的。

问：您父亲葬在哪里？

答：葬在屋后凤凰山。

问：您母亲的名字叫什么？

答：李采。

问：您母亲是什么时候去世的？

答：1961年去世的，也葬在凤凰山。

问：您还有其他的兄弟吗？

答：有啊，还有两个弟弟，两个姐姐。

问：那你两个弟弟分别叫什么名字？什么时候出生的？妻子分别叫什么？

答：二弟叫王五定，1971年出生的，妻子叫罗贤华，有一个女儿叫王宇露，1994年出生的。三弟叫王甲寅，1974年出生的，妻子叫杨三香，有三个小孩，两女一男，大女儿叫王心雨，2001年出生的；二女儿叫王心凤，2004年出生的；小儿子叫王雨辰，2007年出生的。

问：您爷爷奶奶叫什么名字？

答：爷爷叫王庸芬，奶奶我不太清楚，奶奶在爷爷去世后改嫁刘姓，生了我同母异父叔叔。

问：爷爷是干什么的？您父亲是干什么的？

答：都是务农。

问：您父亲跟你讲过关于船山的事情吗？

答：没有。

七、采访图片

现场采访图片

八、采访感悟

我们经过认真查找资料，确认王春桥一脉也不是王船山后人，而是王船山哥哥王介之的后人。他们对船山家风家训以及《传家十四戒》都不是很了解，而且在操办丧事时，动用和尚道士，这与湘西村的船山后人有很大的区别。故此断定，关市王氏后人非船山后裔。

通过对上述9位王氏后裔（7个船山后裔，2个介之后裔）的调查、采访，我们总体上认为，他们都是实实在在的农民，大部分人，尤其是船山后裔，都以船山为荣，能秉承船山遗风，为人正直，孝悌传家，安贫乐道，坚守《传家十四戒》，不迷信，不做和尚，不信僧道，丧事从简，不开路，不动用和尚道士。但随着社会的发展，他们对子女的婚姻、职业的选择、接受文化教育等观念已经远远超出了王船山的要求范围，形成了与社会发展相适应的婚姻观、职业观。用今天发展的眼光来看，这也是社会进步的必然要求和体现。

第六章　船山家风传承研究的意义

为什么我们今天要研究船山家风及其传承情况？其一，王船山是名人，尤其是从衡阳走出去的名人，这对于衡阳本地人来说，研究更有意义。其二，王船山是中国传统文化的集大成者，继承其先进的正统思想理论精髓，对于匡扶正义、弘扬国粹具有很好的促进作用。其三，当今社会，已经步入新时代，研究船山家风能助力我国新农村建设步伐。因此，对船山家风及其传承进行研究，具有十分重要的现实意义。

第一节　船山家风的可贵之处

王船山忠于职守，忠耿廉洁，刚直不阿，厚德载物，孝悌传家，和睦家庭，重视教育，不信迷信，积善成德的家风，是中华几千年优秀传统文化的集成，对于今天的小康社会、和谐社会建设具有十分重要的现实借鉴作用。

船山家风中的“忠君爱国”“孝悌传家”就是德的最好表现。时至今日，我们国家提倡的“社会主义核心价值观”，就有“和谐”“爱国”“友善”的表述。也可以说，船山家风的当代价值可概括为以忠报国、以德修身、以孝事亲、以仁达礼、以知为本、以勤持家、以和睦邻、以拓进取的八个方面。

在家庭教育方面，正因为王船山的家庭有着良好的家庭教育传统，所以，船山兄弟也十分重视家庭教育。他们不仅重视对儿子的家塾启蒙教育、家学渊源教育，也十分重视家风传统教育。为了教育子孙后代，王船山的长兄王介之曾专门撰写了《耐园家训》，船山在《〈耐园家训〉跋》中说：“吾家自骁骑公从邗上来宅于衡，十四世矣。废兴凡几而仅延世泽，吾子孙当知其故：醇谨也，勤敏也。乃所以能然者何也？自少峰公而上，家教之严，不但吾宗父老能言之，凡内外姻表交游邻里，皆能言之。”① 这说明，严格的家庭教育是王氏家族世代连绵的重要原因。中国有句古话：“君子之泽，五世而斩。”王氏家族虽算不上门阀贵族，只是一个中等的世袭武官家庭，当明朝的很多开国元勋之家都已经灰飞烟灭时，王氏家族却能够代代世袭祖宗勋职达 11 代之久（至王船山的堂兄王玉之袭衡州指挥使），与明朝相始终，这与其严格的家教传统是分不开的。这对于今天的家庭教育很有指导作用。

再如忠君爱国方面，作为明朝的功臣之后，王朝聘、王介之、王船山始终保持了对明朝的无限忠诚。在清朝康熙皇帝平定“三藩之乱”，全国大局已基本稳定之后，王介之、王船山兄弟仍然隐居在家乡衡阳的穷山僻壤之中，用自己的笔辛勤耕耘数十年，为中华民族创造了一份无比宝贵的思想遗产。他们兄弟二人在明末社会大动乱中劫后余生，忍辱负重，含辛茹苦，顽强生存，不倦写作，始终怀着一个坚贞不渝的信念：为着民族复兴的美好明天而创造、积累、储存着文化与精神的巨大财富！这是船山兄弟一生伟大人格与精神追求的真实写照！更是我们学习的榜样。

船山思想以“六经责我开生面”的创造精神和“坐集千古之智”的恢宏气魄，在中国古代学术思想史上占有重要一席。尤其在他的家训中要求其后人醇厚谨慎、勤劳敏捷，坚持家庭教育必须严格；要安贫乐道、自食其力，不要做酗酒滥赌猖狂无行之人等，这些家训对良好家风的形成具有实际的指导意义，这也是弘扬中华优秀传统文化的主要形式。

第二节 船山家风的当代价值诠释

基于我国目前社会主要矛盾已经发生变化的社会现实，急切呼唤家庭美德的宣扬与道德的回归。船山家风如果用现代人的眼光来看，不外乎包含在“和睦思想增进邻里亲厚度”“孝悌思想促进家庭和谐性”“勤俭助推消费理性化”等方面。

（一）和睦思想增进邻里亲厚度

邻里亲厚度的发展基底——家庭内部和谐。虽然时代已经发生了变

① 王德兰，等编．邗江王氏五修宗谱．1917.

化，家庭关系也已经有所变化，但无论是过去还是现在或将来，邻里关系的和睦、和谐都是非常重要的。在以小农经济为主体的封建社会，人们以农业为生，人员流动性小，邻里之间沟通也较多，邻里关系的和睦现象比比皆是。到了现代社会，人员流动性大，造成邻里关系生疏，缺少亲情。因此，增进邻里亲厚度更显重要，这也是构筑和谐社会的最底层的迫切需要。因为家庭是社会的基本单位，家与家之间进行友好往来才能使社会关系更加融洽，才能做到和睦相处、互帮互助。王船山曾经对王攽、王敔两兄弟说，你们两人，就好比左手和右手，要同心协力、互相配合才能做好每一件事情。这就是强调家庭和睦的重要性。一个家庭如此，同样，对于身边的邻居我们也要热心给予物质上的帮助，“远亲不如近邻”“家和万事兴”，这都是金玉良言。

曾国藩是王船山的崇拜者，对船山思想的传播做出了重大贡献，正是他的大力支持和亲自过问下，《船山遗书》才得以面世。曾国藩特别推崇船山思想，提出治家之方“书蔬鱼猪，早扫考宝”八字诀，其中“宝”字的含义就是不仅要和自己家里人保持和谐的关系，也要和邻居和睦友爱。在今天，社会主义核心价值观在个人层面的内容之一的“友善”，就是指人们在对待他人时应该与人为善，和平友好。从国家的层面来讲，中国也一直秉承着“与邻为善，以邻为伴，睦邻友好”的原则，主张与周边的国家和睦共处，着力打造人类命运共同体，将自身利益与他人利益有机统一，坚持和睦的基本精神，走和平发展道路。

（二）孝悌思想促进家庭和谐性

孝即为孝顺，是指晚辈对长辈应该尊敬礼貌，孩子对父母应该恭敬孝顺，是家庭关系有序的重要基础。虽然如今的社会较之封建社会的家庭关系已经变得更加民主和开放，但是教育后代“行孝悌之义”，这对于自身素质的提升和家庭关系的调整都是非常有利的。在当代社会出现了“啃老一族”“空巢老人”等现象。王船山治家思想中提倡的孝文化，用我们今天的话来说，就是“长幼有序”，做小的要孝顺做大的，也就是子女要尽自己最大的能力为年老的父母提供尽可能好的物质生活条件，也要满足父母的精神需要。大力倡导“孝文化”建设尤显重要，这也是促进家庭和谐的必由之路。

悌，即是对下友爱。由于国家生育政策的改变，很多独生子女家庭升级为“二胎家庭”，独生子女有了自己的弟妹后，如何学会与自己的弟妹友好相处，成为每一个家庭面临的现实问题。王船山指出，兄弟姐妹之间应该友爱互助，兄友弟恭。很多孩子为独生子女时，养成了以自我为中心的坏习惯，有了弟妹以后一下子难以适应，甚至产生排斥、打压的心理。因此，对这些“00后”“10后”孩子进行“悌”的传统文化教育，是必不可少的一门功课，家长们要引起高度重视，认真对待。因为家庭是构成社会的基本单位，家庭的和谐直接关系到社会的和谐。当一个个家庭和睦美满时，社会才会绽放出和谐的绚丽之光。

（三）勤俭助推消费理性化

从古至今，中国人都十分崇尚“勤俭”二字，勤俭节约是中华民族的传统美德。君子忧道不忧贫，王船山就是这样教育自己的子孙后代的。当今社会的物质生活水平已经得到了很大的提高，经济的活跃、丰盈，导致社会上出现了有悖于“勤俭”的消费现象，比如盲目跟风、消费不适度、盲从消费、感性消费等不科学、不理性的消费观念和行为。有的甚至认为勤俭节约这种品质应该随着历史的发展逐渐淡去，他们更向往今朝有酒今朝醉的及时享乐思想，没有领会老祖宗留下的“细水长流”的精神内涵。虽然现在经济增长了，但我们仍然要坚持勤俭节约、理性消费，这是持家的基本要求。

新时期，社会的主要矛盾已经由人民日益增长的物质文化需要同落后的社会生产之间的矛盾转化为“人民日益增长的美好生活的需要与不平衡不充分的发展之间的矛盾”。物质条件取得了质的进展，必然离不开勤劳俭朴这一优良美德。在全面建成小康社会、实现中华民族伟大复兴的中国梦的过程中，勤俭节约才能最终成就物质生活的富足和道德修养的提升。所谓“仓廪实而知礼节，衣食足而知荣辱”，物质生活的富足能促进道德品质的强化，道德素养的提升又能促进物质生活的丰富，而勤俭节约既是物质富足的手段，又能达到提高思想道德修养的效果。

第三节　船山家风传承对当前新农村建设的借鉴作用

一部家谱，就是一本教科书，一则家训，就是一种精神信仰。船山家风以忠义为起点、以忠孝为保障、以品德为支撑、以知行为途径，为当前挖掘优秀传统文化、传承优良家风、建设和谐社会提供了一个很好的借鉴和参考。

（一）德才结合，以正家风

任何事物都有好与坏两方面，家风也有好坏之分。优良的家风对家庭成员具有约束、引导、激励的作用，可以让家庭成员在潜移默化中受到好的影响，形成正确的三观。相反，低劣的家风则容易使家庭成员受到不良影响，从而道德败坏，危害社会和国家。我国从古代起就强调德才兼备，古语有云："德若水之源，才若水之波；德若木之根，才若木之枝。唯德才兼备，方能成其大器。"又有"国无德不兴，人无德不立"之说，可见崇德修身是为人处世之本，高尚品德之源。船山家风在提炼的过程中也注重德与才并重，赋予传统家风新的时代意蕴。首先，船山家风中的忠君爱国、孝悌传家就是德的最好表现。时至今日，我们国家提倡的"社会主义核心价值观"，就有"爱国""友善""和谐"的表述。"爱国""友善""和谐"就是要求我们作为社会主义国家的公民，应当树立正确的基本价值追求和应当遵循的根本道德，热爱祖国，诚信友善，遵纪守法，传承民族传统美德，遵守社会道德，积极投身到社会主义现代化建设及核心价值体系建设中去，为党及国家奋斗目标、为中国梦而努力。以知为本提高文化素养，以德修身提升道德修养，以和为贵加强家风建设，切实提升自身的科学文化修养与思想道德修养，积淀优良的家风，让家庭充满正能量，让家庭成员树立正确的人生观、价值观、世界观，从而对社会和国家起到推动作用。

（二）回归生活，彰显本质

家庭是社会的细胞，更是熏陶培育子女的第一课堂，家教、家风将直接影响一个人的一生和整个社会风气。生活是德育的源泉和起点，"道德回归生活教育"或者说"生活德育"是当前我国普遍认同的一种道德教育理念，即将大道理、高尚品德寓于日常生活小事之中，从而达到道德教育日常化的目的。船山家风的孝悌礼仪、敬家睦族之理，正是对后人修身处世、树立正确人生观和为人处事基本原则的告诫。常言说："正人先正已，治国先治家。"撰修家谱、传承家风只有把育人作为目的，才能使其具有持久的生命力，焕发新的风采，适应新的时代和社会发展。在今天，我们首先要做一个正直守信的人，即使地位卑微，也要扎实做事、本分做人。

（三）知行合一，注重践行

中国道德文化能够绵延几千余年而经久不衰的重要原因之一在于古代社会对道德践行形成了稳定的践行机制与践行策略。陆游说过：“纸上得来终觉浅，绝知此事要躬行。”强调由“知”到“行”的重要性，这也符合德育的发展规律。相比于道德认知，道德践行是“内化于心”的外在体现，久而久之也就成了自律、稳定的道德行为。船山家风之所以能代代相传，注重道德践行、完善教育方法是一个很重要的方面。在历史的长河中，船山后人以身作则，严格要求自己，用自己的行动诠释着船山家风。船山后人大部分都是本分农民，很少出现过大官富贾。家风并不是“纸上谈兵”，也不是熟记于心，而是要求我们外化于行，要在实际生活中践行我们心中所认可的，不要做“言语上的巨人，行动上的矮子”，要做优良家风的践行者与传播者。

（四）结合时代，创造转化

党的十九大报告中指出：“深入挖掘中华优秀传统文化蕴含的思想观念、人文精神、道德规范，结合时代要求继承创新，让中华文化展现出永久魅力和时代风采。”家风是中华民族传统文化的优秀遗产，也是当代塑造道德人格、维系家庭和睦、促进社会和谐的重要抓手。现代家风相比于传统家风，实际上是理论创新与实践创新的进程，是现实的人通过实践的过程，从而创造出顺应时代发展、引领文化认同的现代化家风。站在新时代，我们要以社会主义核心价值观为参照，大力弘扬社会主义主流价值观，对于传统家风中优秀的部分要批判性继承，创造性转化，创新性发展。为此，我们要结合船山家风中的“爱国”“忠厚”“正直”“坚贞”“尚文”“重礼”“孝悌”等基因，创造出新时代中国特色社会主义新农村的家风文化，为社会促和谐、为国家树自信、为民族谋复兴。

第四节　船山家风传承研究与当前新农村建设的思考

船山理论博大精深，船山人品光耀千秋。习近平总书记对船山理论十分推崇，多次在重要场合引用船山原话，阐述治国理政之道：在庆祝中国人民政治协商会议成立 65 周年大会的讲话中引用了“名非天造，必从其实”；在 2017 年的新年贺词中，引用了“新故相推，日生不滞”；在党的十八届五中全会上，引用了“理者，物之固然，事之所以然也”；等等，由此可见，船山文化时至今日，仍然有着强大的生命力和重要的社会价值，因为它是中华优秀传统文化的杰出代表。今天，党中央提出的建设社会主义新农村已经深入人心，而且新农村建设已经到了全面建成小康社会的阶段。而全面建成小康社会的重点在农村，农业丰则基础强，农民富则国家盛，农村稳则社会安。没有农村的小康，就没有全社会的小康；没有农业的现代化，就没有国家的现代化。因此，为了展示新农村建设的特色和成果，船山故居要突出船山家风文化元素，将船山家风文化与社会主义核心价值观深入融合，转化为村民的情感认同和行为习惯，激活他们向上、向善，孝老爱亲。要秉着柔性融合的原则，将船山家风文化与新农村建设无缝对接，融入进去，做到潜移默化、润物无声。

城乡有别、因地制宜、有特色者生存。我国城市规划历来得到政府、学界与业界的高度关注，也取得了不少成就，那我们是不是就可以将城市规划的经验照搬到农村规划建设中来呢？农村规划有着不同于城市规划的特点，只有因地制宜，突出特色，才能使农村规划得到科学的发展。

（一）因地制宜

全国现有村庄320多万个，自然条件、经济发展、生活习俗等情况千差万别，东、中、西部地区有差别，同一个地区也有较大差别，村庄整治需要因地制宜，不断创新和完善。立足已有条件开展村庄整治，凡是能用的或者经改造后能用的房屋和设施，都要加以充分利用。农民急需的是配套道路、供水、排水等设施，改变村容村貌。船山故里当以传统文化为底蕴，唱好文化兴村的戏，给人以厚重的文化感受。比如首先要改善湘西村、船山村的人居环境，打造富有特色的湘南民俗民居，突出船山文化的底蕴，吸引游客前来观光旅游。

（二）突出特色

特色是存在的最根本因素，船山故里若是失去船山这块金字招牌的特色，只会变成与其他旅游小镇一样的模式和套路，那就很难吸引到适合的投资与寻求差异化的游客。船山故里国学飘香，船山故居应主打“文化”品牌，文化吸人、文化兴镇、文化富民，通过特色打造，走文化兴村、文化强镇、旅游造势、农家乐跟进的模式，通过自力更生，艰苦创业，把船山故里建设成为富强、民主、文明、和谐、美丽的社会主义新农村，以吸引游客前来观光、游览。随着旅游业的发展，带动船山故里的经济发展。

总之，我们要充分挖掘、利用好船山家风留给我们的宝贵财富，在广大村民中进行传统文化的宣传、教育，要结合社会主义核心价值观，讲好船山家风故事，因为它有地域特色，更有说服力。通过船山家风以及传统文化的影响，促使人们强调家国观念，践行优秀传统文化，对上孝敬，对同辈要真诚，对下要爱怜，处理好人与人的关系，重视文化教育，切实提高村民的自身素质，培育家庭文明的良好氛围，形成一种和谐的居住环境。在此基础上，要制定出新的适应当地实际情况的乡规民约，以社会主义核心价值观为指针，营造积极向上的生态环境，影响、规范村民的行动，唱响时代的主旋律。这对于正处于建设新时代中国特色社会主义新农村、大力培育社会主义核心价值观的历史时期的中国来说，无疑具有十分重要的现实意义。总结湘西村新农村建设经验，利用名人效应，先把湘西村的新农村建设搞好，再在全县铺开，以点带面，最后实现全面开花，为建设富强、民主、文明、和谐、美丽的新衡阳服务。

附 录

一、王夫之不平凡的一生

王夫之（1619—1692），字而农，别名姜斋老人、一瓢道人，晚年因住湘西石船山下，被学界称为王船山，中国历史上著名的思想家、哲学家、文学家、教育家。

心怀天下（1619—1644）

明万历十七年（1619）农历九月初一，王夫之出生在衡阳市王衙坪，今衡阳市金果路与先锋路之间。《王船山先生年谱卷上》云："明万历四十七年己未（1619），先生一岁。九月初一子时，先生生。"《家谱》云："生万历己未九月初一日子时。"[①]《行述》云："祖母谭孺人，生亡考于万历四十七年己未九月初一日子时。"[②]《章灵赋》自注云："人生而行具，明斯丽之。其始生则熹微。然余生以九月朔旦，金气方盛，而揆日在初，虽秉气清刚，而寒铣不昌，乃虽遘凛秋，而犹争夕秀，其于时固已难矣。"[③] 王夫之从小就很聪颖，天启二年（1622），时年四岁，王夫之便开始跟随长兄王介之学习，天启五年（1625）他就完成了十三经的学习。崇祯元年（1628），十岁的王夫之跟随父亲王朝聘学习经义，《夕堂永日绪论》王夫之自叙："余自束发，受业经义，阅经义亦数万首。"[④] 崇祯五年（1632），十四岁的王夫之喜中秀才，在湖广提学佥事王志坚的举荐下进入

---

① 王夫之. 船山遗书：第十五册. 北京：中国书店，2016：287.

② 王庸梯，等编. 邗江王氏六修族谱. 1995.

③ 王夫之. 船山遗书：第十五册. 北京：中国书店，2016：287.

④ 王夫之. 船山遗书：第十五册. 北京：中国书店，2016：290.

衡阳县学。《行述》云："年十四，督学王闻修先生讳志坚拔入学。"①

崇祯十一年（1638），二十岁的王夫之完成了人生中的第一件大事，迎娶同里首富陶万梧之女陶氏，与王陶氏喜结连理。《王船山先生年谱卷上》云："是年，原配陶孺人来归，处士万梧女，年十七。"② 但他并没有沉溺于新婚燕尔的浓情蜜意中，惜别娇妻，进入千年书院——岳麓书院学习、深造。此番求学岳麓，他是志在为学经世、广交文友、精研应试之道。

崇祯十五年（1642），二十四岁的王夫之与长兄王介之赴武昌参加科举考试，兄弟二人同登桂榜，王夫之以《春秋》第一，中湖广乡试第五名。王夫之的长兄王介之也中举第 40 名，好友夏汝弼、郭凤跹、管嗣裘、李国相、包世美皆中举。潘宗洛先生在《船山先生传》说："先生颖悟过人，读书十行俱下，一字不遗，年二十四，与兄介之同应崇祯壬午科湖广乡试，俱获隽焉"③。是年秋，王夫之与王源曾等百余人在黄鹤楼结盟，称为"须盟大集"。是年 11 月，王夫之与兄王介之北上京城参加第二年的春闱，到南昌时，因李自成、张献忠农民起义军的干扰，北上道路受阻，兄弟二人不得不在南昌度过一个清冷新年。《王船山先生年谱卷上》有云："道梗，泊舟南昌度岁。"④《南窗漫记》云："壬午残腊，小艇泊南昌城下，寒雪透篷窗，不可忍。时张都御史凤翔方履任，自扬州驾大官舫，已登陆，舟停水次，因僦之度岁。"⑤ 崇祯十六年（1643）春，因李自成军克承天，张献忠军攻陷蕲水，北上道路完全被阻死，难道能飞到京城去？没有办法，在赴京无望的情况下，王夫之兄弟俩决计弃考归养，从南昌到吉安，经云阳下洣水，一路返衡。

崇祯十六年（1643）十月，张献忠所部攻克衡州，招纳地方贤能为自己效力，不从者，直接投进湘江河中溺毙。《王船山先生年谱卷上》云："武夷先生为逻者所得。贼质之以召先生兄弟。武夷先生欲自裁。石崖先生欲往救父出，而沉湘以死。先生力止之，而自剺面刺腕，傅以毒药，为

---

① 王夫之．船山遗书：第十五册．北京：中国书店，2016：292.

② 王夫之．船山遗书：第十五册．北京：中国书店，2016：293—294.

③ 王德兰，等编．邗江王氏五修宗谱．1917.

④ 王夫之．船山遗书：第十五册．北京：中国书店，2016：297.

⑤ 王夫之．船山遗书：第十五册．北京：中国书店，2016：297.

重创状，舁至贼所，贼不能屈。次日，父子俱以计得脱，复往岳峰。”[①] 因张是起义军，在当时的正统思想里属于“逆贼”，所以，当时衡阳很多有志之士要么纷纷逃离故土，躲避张献忠的迫害，要么自残成为一个废人，不被张献忠利用。王夫之、王介之因是当时衡阳城的才子，自然是张献忠招纳的重点人物。所以王夫之、王介之兄弟两人连夜逃离衡阳城，奔往南岳莲花峰下的舅父家避难。张献忠部下找不到王夫之、王介之兄弟两人，就直接把他们的父亲王朝聘（注：王朝聘也是当时衡阳城有名的饱学之士，可能年龄问题，没有成为张献忠招纳的对象）抓来为人质，以胁迫王夫之、王介之兄弟两人就范。身处南岳的兄弟俩听闻父亲被抓入狱，受尽折磨，心急如焚，哥哥王介之决定只身去营救父亲，并决定一旦救出父亲后，立马就自投湘江，以表不做“伪臣”的决心。王夫之深知哥哥刚直的秉性，不善于迂回作战，担心他此去不但救不出父亲，而且会丢了自己的性命。因此，王夫之和哥哥商量，决定自己一个人返回衡阳救父亲。他用毒药敷脸，用刀刺伤自己的手腕，一幅病态让人抬到张营。经过张营内人奚鼎铉的居中斡旋，王夫之成功救出父亲王朝聘。“嫠面刺腕”一事，充分体现了一代大儒王船山的胆识和智慧、孝心和坚贞。

崇祯十七年（1644）五月，王夫之听闻崇祯皇帝自缢，悲愤难当，绝食数日，作《悲愤诗》一百韵，吟已辄哭。《行述》：“甲申五月，闻北都之变，数日不食，作《悲愤诗》一百韵，吟已辄哭。”[②]

此阶段的王夫之，历经人生中最为美好的少年、青年时段。王夫之从小深受家庭的教育和熏陶，发奋求学，努力考取功名，以求得一官半职，为国家出力献策。在此阶段，他还先后组织成立了“匡社”“行社”，展现了匡扶社稷、为学经世的雄才大略。因此说，此阶段的王夫之是“心怀天下”。

反清复明（1645—1652）

1644 年，清兵入关，对汉人实行了高压政策，颁发了系列匪夷所思的命令，如“剃发令”，叫嚣“留发不留头，留头不留发”，前面光光（头

① 王夫之．船山遗书：第十五册．北京：中国书店，2016：298.

② 王夫之．船山遗书：第十五册．北京：中国书店，2016：300.

上前半部头发剃光），后面长长（男人扎长辫），还有“裹足令”“易服令”等，激起了汉人的强烈不满。作为深受儒家文化教育、影响的王夫之，自然成为“反清复明”的勇士和主将。一直以来，王夫之以大无畏精神，藐视清朝的法规禁令，以明遗臣自居，“头不顶清朝的天，脚不踏清朝的地”，追求着他心中美好的梦想。

顺治二年（1645）三月，王夫之结识抗清将领堵胤锡。是年秋，王夫之为避免镇将纵兵剽掠仇杀，与父兄逃到耒阳、兴宁、永兴等地。11 月与堵胤锡、夏汝弼、管嗣裘、王介之等集聚南岳方广寺，商讨反清复明起义事项。《王船山先生年谱卷上》云：“楚抚堵胤锡、学使高世泰修莲花峰方广寺朱文公张宣公二贤祠，先生昆仲及人赞襄其事。”①

顺治三年（1646）七月，王夫之只身赴湘阴找章旷，请章旷调和何腾蛟与堵胤锡的矛盾，协同作战并联合农民军一起抗清，并对军队后勤提出了自己的建议。《王船山先生年谱卷上》云：“是月至湘阴，上书于兵部侍郎江北巡抚章旷，指画兵食，请调和南北，以防溃变。不省。”② 可惜王夫之的意见未被章旷采纳，章旷认为：何、堵本无矛盾，他们的目标一致——反清复明，因此未采纳王夫之的建议。对此，王船山感到深深的惋惜和无助。是年 11 月，结发妻子王陶氏病亡，王夫之作《悼亡》一首，以示怀念：“十年前此晓霜天，惊破晨钟梦亦仙。一断藕丝无续处，寒风落叶洒新阡。”③ 又有《姜斋文集·陶孺人像赞》云：“孝而殉，国人所闻，奚俟余云。慈以鞠，不究其粥，奚以相暴。静好尔音，函之于心。有言孰谌。谐隐之思，已而已而，焉用文之。天或假尔以后昆者，仿佛不迷，唯斯焉之为仪。”④

顺治四年（1647）二月，由于将帅失和，各军之间不联动、配合，甚至出现见死不救的局面，因此，抗清大业遭受到重大打击，乃至于全军溃败。抗清大军被明降将孔有德采取“各个击破”的办法，一一击破，湖广各地瞬间失守，章旷逃往邵阳，何腾蛟逃往衡阳，王夫之奔走湘乡。经此一战，更证明了王夫之的远见卓识，当初他提出的建议是多么的高明和睿

① 王夫之．船山遗书：第十五册．北京：中国书店，2016：302，419.

② 王夫之．船山遗书：第十五册．北京：中国书店，2016：303.

③ 王德兰，等编．邗江王氏五修宗谱．1917.

④ 王夫之．船山遗书：第十五册．北京：中国书店，2016：302.

智！可惜被老师章旷否决了。四月，王夫之与好友夏汝弼从湘乡投奔在武冈的永历帝，途中因雨被困在湘乡西南的车架山，作《哀歌示叔直》以抒心中的苦闷。五月，清军攻陷衡州，王夫之全家逃散。在这战火纷飞的动乱年代，王夫之的父亲王朝聘、叔叔王廷聘、二兄王参之及叔母相继在战乱中死亡。王朝聘在临死前留言，嘱其子女要抗清到底。家道中落、残酷的现实更加激起王夫之反清复明的决心。

顺治五年（1648）十月，王夫之与夏汝弼、管嗣裘、僧性翰在南岳方广寺举行抗清武装起义，后因保密意识不强，加之队伍由僧俗两方的书生、农民和僧人组成，战斗力不强，本次武装起义失败。起义虽然失败了，但惨重的血的教训，更加坚定了王夫之反清复明的决心。起义失败后，王夫之逃往广东肇庆投奔南明永历帝。《王船山先生年谱卷上》云：“冬十月，与同年管舍人嗣裘举兵于衡山，战败军溃，由耒阳、永兴、桂阳、郴州走桂林，遂至肇庆。复由浈阳峡过清远，仍还肇庆。”[①]

顺治六年（1649），王夫之结识了瞿式耜、严起恒、金堡、方以智等一批抗清义士。是年秋，王夫之在德庆一舟中，与邹统鲁、管嗣裘等好友一道拜见抗清大将堵胤锡，堵胤锡传授王夫之等人十首《军谣》，作为对王夫之等人从事抗清活动的鼓励和支持。(《南窗漫记》云：堵牧游先生于德庆舟中授余《军谣》十首，令传之。其题则《月家乡》《马儿女》《雨浆洗》《风晒晾》《笔先锋》《口打仗》《报疟疾》《棋金丹》《血筵席》《营十殿》，备丧乱艰危之状。天下之不支，公心之独苦，俱于此乎传之。[②])

顺治七年（1650）春，王夫之继娶襄阳郑仪珂之女郑氏。《王船山先生年谱卷上》记载：“春正月，至桂林，继室郑孺人来归；襄阳人，吏部尚书继之侄孙女，文学仪珂女，年十八。”[③] 王夫之带着新婚妻子王郑氏至梧州上任行人司行人，实现入仕为官报效国家的愿望，期望能为南明国家出力，施展自己的政治才华，拯救风雨飘摇的南明朝廷。然而，当时的南明朝廷党争不断，“吴党”“楚党”党同伐异，纷争不断，南明朝廷在这种

---

① 王夫之．船山遗书：第十五册．北京：中国书店，2016：310.

② 王夫之．船山遗书：第十五册．北京：中国书店，2016：312.

③ 王夫之．船山遗书：第十五册．北京：中国书店，2016：316.

朋党争斗中气数渐尽。面对这激烈的党政之争以及混乱的朝纲，王夫之忧郁万分，多次越级上疏。《永历实录·桂王纪》云："四月，雷德复奏讦大学士严起恒。起恒称疾乞骸骨。行人董云骧、王夫之疏谏，不听。"① 又《严起恒传》云："化澄等思构起恒益急。给事中雷德复复露章劾起恒二十四罪。化澄调旨，用宋雷有邻'鼎铛有耳'语嘲邀之。起恒称病请去。行人董云骧、王夫之交疏言：'大臣进退有礼，请权允辅臣之去，勿使再中奸毒，重辱国而灰天下之心。'"② 而后，王夫之为营救被诬陷下狱的金堡，三次上书弹劾王化澄结奸误国，因此，他遭到了王化澄的嫉恨并伺机报复，最终把王夫之打入大牢，要置他于死地。后王夫之幸得义军将领高必正所救。《王船山先生年谱卷上》记载："先生移疾俟遣。兵部尚书万翱、南京兵部尚书鲁可藻疏请逮治。郧国公高必正力争得免，乃去官。"③ 通过这次劫后余生的经历，彻底使心怀报国热情的王夫之看清了南明朝廷的昏暗与无能，把希望寄托在这样没有正气和朝气的腐朽朝廷，绝对没有光明的前途。心灰意冷的王夫之，携带家属在绝望中从肇庆到梧州，再至桂林，计划从桂林返回家乡衡阳，在家侍奉母亲，以尽人子之责。（当时由于路途遥远，交通与通讯不发达，王夫之母亲王谭氏已于是年八月初二去世，此时的王夫之还不知情，还想着回家侍奉母亲）可哪知是年十一月，桂林城破，留守大学士瞿式耜和总督张同敞被俘，宁死不屈，两人最后于1651年1月被杀。王夫之的回家之路充满了危机和风险，不得不带着妻子取道桂柳运河，借道永福。哪知道天不遂人愿，王夫之一行在永福因雨被困整整两个月，此时的王夫之在"国恨""家愁"的煎熬下，已是精疲力竭、愁绪满怀。《王船山先生年谱卷上》记载：《霜天晓角》云"清秋晓角，斜日横云角。剑射灯花坠紫，双影瘦，征衣薄。今日梦中语，当时难卜度。唯有丹枫霜叶，点点血，还如昨。"④

顺治八年（1651）一月，王夫之携妻王郑氏与侄王敉回到衡州，避居双髻峰续梦庵。

顺治九年（1652）春，李定国大败清军，收复广西。八月，李定国进

① 王夫之．船山遗书：第十五册．北京：中国书店，2016：319.
② 王夫之．船山遗书：第十五册．北京：中国书店，2016：320.
③ 王夫之．船山遗书：第十五册．北京：中国书店，2016：320.
④ 王夫之．船山遗书：第十五册．北京：中国书店，2016：322.

军湖南，收复衡阳，派人请王夫之为南明朝廷效力。王夫之有鉴于孙可望把持永历朝政，犹豫不决，没有成行。《王船山先生年谱卷上》记载：“是年侨居邵阳耶姜山旁蒸水之源，李定国兵下衡州，招之，不往。”《章灵赋》自注云：“蒸水出耶姜山，今谓之黄帝岭。时所避地近其处。”[①] 又云：“时上受孙可望之迎，实为所挟。既拂君臣之大义，首辅山阴严公以正色立廷，不行可望之王封，为可望贼杀。君见状，相受害，此岂可托足者哉？是以屏迹居幽，遁于蒸水之源。”[②]

就在这一年，王夫之及其他志在抗清的义士们纷纷在国恨家仇中被通缉、被追杀、被消灭。残酷的实现生活，逼迫着一心想收复旧河山的王夫之深深地思索、寻找新的出路。

潜心著说（1653—1692）

1652 年，王夫之拒绝了李定国的邀请，因为他已经看清了南明朝廷的黑暗和无助，认为武装救国已是穷途末路。因此他要选择一种新的途径，继续自己反清复明的伟业，那就是从振兴文化、解放思想、穷究理论中去开拓进取，从而开辟了一条辉煌的学术之路。

随着统治的稳固，清朝对反抗朝廷的义士豪杰加大了追捕、打击力度。1654 年 8 月，王夫之携妻王郑氏迁徙到衡阳常宁的西庄园，一住三年，躲避朝廷的追捕。

在西庄园的三年，王夫之拥有了难得的宁静与安稳。在这三年中，他对家国的命运进行了深度思考。《王船山学谱》记载：“顺治十二年（1655）始作《周易外传》，八月《老子衍》成；顺治十三年（1656）三月，《黄书》成。”[③] 王夫之通过《黄书》，阐释了他对民族利益的关心超过了天经地义的忠君思想。在他看来，华夷大防是天设地造，绝对不容混乱，以天下为己任，保卫华夏之疆土，防止外族入侵，是每一个华夏儿女的应尽职责。《黄书》蕴含了丰富的民族主义思想，对晚清的辛亥革命起到了巨大的思想引导作用。

1657 年 4 月，王夫之从西庄园迁徙到南岳莲花峰下的续梦庵，一住就

---

① 王夫之．船山遗书：第十五册．北京：中国书店，2016：329.

② 王夫之．船山遗书：第十五册．北京：中国书店，2016：329.

③ 王夫之．船山遗书：第十五册．北京：中国书店，2016：435.

是三年。这三年间，王夫之写下了大量的诗歌和记载本家历史的《家世节录》，对邗江王氏一族在衡阳的繁衍发展进行了清晰的梳理。1660 年 3 月，王夫之强忍丧子之痛，迁居到衡阳县金兰偏僻的高节里，以竹、木等物简单构建一小屋，名曰败叶庐。王夫之在此潜心学术，专心著书，留下了大量的文学作品，有《落花诗》《续落花》《广落花》《咏落花》《补落花》《姜斋诗话》等，借花喻情，以花明志，以文会友。其间，王夫之完成了《尚书引义》初稿（1663 年）、《读四书大全说》十卷（1665 年）的写作，并开始深入研究宋明理学，对传统哲学进行批判总结，突破了朱熹的理论解释，对《四书》进行了全新的注解，完成了《四书笺解》。后来又相继完成了《春秋家说》《春秋世论》《诗广传》等皇皇巨著。王夫之在那样极其艰苦的环境下，完成了如此多的著作，不愧为一代大儒。

1675 年，王夫之举家定居到金兰湘西草堂，直到去世。《王船山先生年谱卷下》记载，筑湘西草堂于石船山。《六十自定稿》有《草堂成》五律一首，其诗云："归舟湘水北，伐木建秋清。"[①]《船山记》云："船山之岑，有石如船，顽石也，而以之名。顾于此阅寒暑者十有七，而将毕命焉，因曰此吾山也。辛未深秋就。"[②] 在他人生的最后十七年中，王夫之在湘西草堂简陋的茅草房里，完成了其一生中大部分著作的著述和编订。此时的王家，生活贫苦，据《邗江王氏六修族谱》中王敔作的《大行府君行述》中所说："诸种卷帙繁重，一一楷书手录，贫无书籍，纸笔多假之故人、门生，书成，因以授之藏于家。"[③] 又"自入山以来，启甕牖秉孤灯，读十三经、二十一史，及朱张遗书，玩索研究，虽饥寒交迫，生死当前而不变。迄于暮年，体羸多病，腕不胜砚，指不胜笔"[④]。在这样困难的时期，王夫之仍然坚持"晨夕著书，穷且益坚，不坠青云之志，萧然自得"，写出了诸如《周易内传》《周外传》《大象解》《易传》《读通鉴论》《宋论》《张子正蒙释义》《庄子解》《庄子通》《礼记章句》《楚辞通释》《搔首问》《俟解》《六十自定稿》《夕堂永日绪论》《噩梦》《思问录》《船山记》等一系列代表性著作，真的是"坐集千古之智"，开出六经生面，令

---

① 王夫之．船山遗书：第十五册．北京：中国书店，2016：363.

② 王夫之．船山遗书：第十五册．北京：中国书店，2016：363.

③ 王庸梯，等编．邗江王氏六修族谱．1995.

④ 王庸梯，等编．邗江王氏六修族谱．1995.

人肃然起敬。

王夫之一生著述100多部，400多卷，800余万字。据《船山公年谱后编》可知：

经类二十四种：《周易内传》六卷、《发例》一卷、《周易大象解》一卷、《周易稗疏》一卷、《周易考异》一卷、《周易外传》七卷、《书经稗疏》四卷、《尚书引义》六卷、《诗经稗疏》一卷、《诗经考异》一篇、《叶韵辨》一篇、《诗广传》五卷、《礼记章句》四十九卷、《春秋家说》三卷、《春秋稗疏》二卷、《春秋世论》五卷、《续春秋左氏传博议》二卷、《四书训义》三十八卷、《读四书大全说》十卷、《四书稗疏》一卷、《四书考异》一卷、《四书集成批解》《四书详解》《说文广义》三卷；

史类五种：《读通鉴论》三十卷、《宋论》十五卷、《永历实录》二十六卷、《莲峰志》五卷、《大行录》；

子类十八种：《老子衍》一卷、《庄子解》三十三卷、《庄子通》一卷、《吕览释》《淮南子注》《张子正蒙注》九卷、《近思录释》《思问录内编》一卷、《思问录外编》一卷、《俟解》一卷、《噩梦》一卷、《黄书》一卷、《识小录》一卷、《搔首问》《龙源夜话》《愚鼓词》一卷、《相宗络索》一卷、《三藏法师八识规矩论赞》；

集类四十一种：《楚辞通释》十四卷、《夕堂永日八代文选评》《夕堂永日八代诗选评》六卷、《夕堂永日四唐诗选评》七卷、《夕堂永日明诗选评》七卷、《李诗评》《杜诗评》《刘复愚集评》《词选》一卷、《遣兴诗》一卷、《姜斋文集》十卷、《姜斋文集补遗》二卷、《南窗漫记》一卷、《南窗外记》一卷、《漧涛园初集》《买薇稿》《忆得》一卷、《岳余集》一卷、《落花诗》一卷、《悲愤诗》一卷、《遣兴诗》一卷、《梅花百咏诗》一卷、《洞庭秋》一卷、《雁字诗》一卷、《姜斋诗编年稿》一卷、《柳岸吟》一卷、《桃花诗》一卷、《五十自定稿》一卷、《六十自定稿》一卷、《七十自定稿》一卷、《分体稿》四卷、《姜斋诗剩稿》一卷、《仿体诗》一卷、《诗译》一卷、《潇湘怨诗》一卷、《鼓棹初集》一卷、《鼓棹二集》一卷、《夕堂永日绪论内编》一卷、《夕堂永日绪论外编》一卷、《船山经义》一卷、《船山制义》《龙舟会杂剧》二卷。①

① 王夫之．船山遗书：第十五册．北京：中国书店，2016：478—479.

王夫之著述甚丰，内容涉及文学、史学、哲学、经学、理学等多个领域，对宋明理学乃至古代经学和史学进行了系统性的批判总结，大胆创新，字里行间，蕴含着震古烁今的思想光芒，对传统学术的承上启下做出了巨大贡献。

王夫之一生大义孤忠，表面上他是忠于明朝，但实际上是忠于中华民族悠久的传统文化。他始终怀抱着民族复兴之心，坚守着自身的精神家园，在“继往圣之绝学”中“为天地立心，为生民立命”，无愧于“南国儒林第一人”。

二、《邗江王氏六修族谱》中的《船山行》① 注释

四七明万历[1]，船山是年生，地址衡城内，雁峰王衙坪[2]。诞生讳夫之，而农姜斋名，因隐石船下，船山学者评。四岁即好学，从师石崖行[3]。年纪方五岁，读完十三经，十四中秀才，廿四举人擎[4]。寇乱日以急，会试以道杭[5]。少年结知己，章蔡互砺精[6]。昆玉同北上，贿赂却劣情[7]。癸未年二五[8]，宇宙草皆兵。自成北上陷，献忠进衡城，惟寇乱日亟，闻之心甚惊。黎民遭残害，官绅命水倾[9]。疾趋岳山上，莲花寄征程[10]。寇获其父去，[11]残肢哭相迎，寇以伤所屈，菸免胥遁形[12]。复匿岳峰下，黑砂潭[13]当棚。天不降时雨，久旱物不荣。庶人干戈逼，生活食蒿菁。自成陷京内，庄烈缢自薨[14]。国变悲不食，愤诗百韵成[15]。崇祯甲申岁，次子王敚生。当朝初定国，顺治帝始清。逃隐于南岳，续梦庵经营。无知明福王，降敌带全兵[16]。耗音传天外，悲愤心怦怦。周易内传作，丙戌跋写正。年逢二八零，爱妻陶氏倾。厝葬王衙山，明遇撰墓铭[17]。自作悼亡诗，别后伤爱情。讵料丁亥岁，武夷府君薨，整年两丧事[18]，举家无余赢。府君葬岳下，莲麓筑墓茔。是年桂王立，国定永历名。间道奔湘乡，淫雨如结晶。车架山阻往[19]，孝烈传奇精。戊子冬十月，衡山举兵营，组织爱国士，抗清图复明。时机遭不测，拳空敌有枪，战敌败非常，国亡却目盲。四年庚寅岁，郑氏来亲迎[20]，处居桂林市，相聚会群英。瞿公式耜荐，就职司人行[21]。大义疏治国，陷害五虎名。觉夏呈疏清，疏准好转程，营救高必正，助力去负荆，已观大局去，弃职梧州行[22]。不料年八月，谭氏母亲薨，国乱从王岭，恨绝心罹横。壬辰秋八月，定国急来迎，可望狐假威，恐去身任轻，迟迟致不果，章灵赋抒情[23]。次年甲午岁，零陵往避兵。北洞钓竹源，雩山台也坪[24]。从子敉遭闵，共命七年顷。窜入深瑶内，改姓又换名。卜东给饮食，不自谋必生[25]，乙未三十七，纯客具宁行，周易内传作，外内传书成。继写庄子衍，黄书已具缨。行年三十八，四子名敔生。是年丙申岁，携眷重返衡。瞻仰双吉峰，北望暮云横[26]。回忆西庄园，三载觉身轻。家世节录作，合订气丰盈。南岳形势峻，可近于衡城。欲求偏僻隐，仅有向西程。庚子季

① 王庸梯，等编．邗江王氏六修族谱．1995.

秋后，徙居金兰乡，栖伏蒸水左，石船山下藏。其屋很矮小，名叫茱萸塘。二年秋改建，败叶庐始创。蓬檐竹木柱，把篾编为墙。名字号败叶，示意国势伤。永历十三年，郑氏继室亡，葬于高节里，大罗山脚傍。明朝寿年止，桂王被执丧[27]。继作悲愤诗，心焦泪汪洋。甲辰攽娶室，过谒亲高堂。朱陈自斯结，事务岁商量。刘家藏书足，导游时不忘。日过铁桥坳，拜谒恺六庄，凤仙花观美，聊题诗助偿[28]。数年匿败叶，倏尔发如霜。微疾常时发，搁游太凄凉。埋头奋著书，遣兴诗高吭。四书大全出，春秋家说藏。年逢五十一，辑定新篇章，注名曰定稿[29]，意深情切长。三娶张孺人[30]，生殁失记详，据葬竹花园，山伴姚家塘。败叶门朝北，萧杀寒风狂[31]。体弱神不健，避北向安康。冬构草庵地，筑室开南窗，题曰观生居。人生观发担，春秋世论编，完竣于此堂。从兹两宅舍，寒暑转为常。人色殊欠太，秋凿落心慌。书诗示敔儿，梧桐叶知伤，写来潇湘怨，激动心灵彰。甲寅年五六，吴逆下衡湘。避氛湘乡住，数载负难装[32]。年在乙卯岁，长砂得流浪。遇上刘思肯，写照志高扬[33]。司马子有汉[34]，南游道阻行。延入旅社中，燃藜蕨当粮。不日注礼记，授之夜谈狂。游兵侧窃听，戒免幸无伤。九月江西归，风阻访明将。吊颐孙吕二，殉难于滩江[35]。放歌言情切，愁心怨恨长。行年五十七，旋归于草堂。仍里人旧址，徙居启祥光[36]。定居十七载，著作得发扬。丙辰二月间，吴逆到萍乡。瞬息即葭月。吴逆据衡阳，周易大传解[37]，隐著于草堂。礼记章句卷，散稿编成章。吴逆戊午岁，僭号于衡阳，劝进表来属，婉词相拒方[38]。窜入深山内，祓禊赋抵挡。是年秋八月，吴逆命丧亡。九月初一日，花甲寿腾芳。戚友送贺仪，仗履扇衣裳[39]。清军又南下，栌林山中藏。庄子通书完，效法志有方。卧病曾半月，仍步于草堂。经诠此时定，散稿整而装。湘乡象贤女，为敔作婿郎。庚申冬腊月，喜事尚着忙。闲作柳岸吟。心乱久成章，蝉斗赋秋写，灵雨助悲伤。偶去观生居，门人随后行。相宗络索订，庄子解磋谪。晚年壬戌岁，日病不安康。友人男公熊，疗效以药方[40]。病愈书广义，噩梦一时张。经义同俟解，奋著食都忘。行状墓志铭，泣述心凄怆。甲子六十六，病剧于草堂。垂死病危苦，遣怀诗自伤。楚辞通绎编，乙丑完成章。耐园家训跋，卧病予思量。胞兄年八十，病卒长乐乡。闻讣扶病往，哭诉恸断肠。归作哀鸿赋，悼兄示不忘。行年六十九，病日益哀伤。从游者渐少，心孤无泪行。编写通鉴论[41]，抱病殊失望。精心构思作，抒发毋自僵。策杖户不出，株守于草堂。嘱妥身后事，启戒与儿郎。不幸壬甲岁，二竖竟为殃。元月初二日，清晨神不扬。时至午刻后，大梦赴黄粱。厝葬大罗山，御恤永世藏[42]。

注释：

［1］四七明万历：1619年。

［2］雁峰王衙坪：今衡阳市雁峰区金果路与先锋路之间，东临湘江，西以中山南路为界。

［3］从师石崖行：石崖即王夫之大哥王介之，王夫之4岁跟随哥哥发蒙学习。

［4］廿四举人擎：1642年，王夫之与大哥王介之同赴武昌科举考试，兄弟二人同登黄榜，王夫之以《春秋》第一，中湖广乡试第五名。王介之也中举第40名。

［5］会试以道杭：李自成、张献忠农民起义，因打仗导致北上京城的道路阻塞，无法去参加朝廷的会试。

［6］章蔡互砺精：章即章旷，蔡即蔡道宪，章蔡二人把王夫之视为知己，以忠义砥砺王夫之。

［7］贿赂却劣情：1642年冬，王介之、王夫之兄弟同时中举，准备进京参加进士考试，到南昌时正逢农民起义军打到南方，道路中断，遂一道返回家乡。当时湖南观察使全椒金公，十分赏识王介之、王夫之兄弟，考虑到他们生活贫困，很想在经济上帮助他们。这时衡阳有一个恶少，犯法当死。金公就授意这个恶少，要他赠给王氏兄弟白银千两以赎性命。这个恶少家中的人来恳求王介之、王夫之兄弟以钱救命。王介之看着王夫之说："如何？"王夫之明确回答："此固不可。"王介之听了很高兴地说："这正是我的心意。"这时有个朋友在旁边说："千金不死于市，岂能必彼之不幸免乎？"王介之又微笑地看着王夫之。王夫之说："我们怎能令其必死，但这样的事不能由我们来干。"王介之接着说："此人如这次逃掉死罪，他日还会为害作恶于乡党。虽是这样，但我们只能做到让我们内心没有愧疚。"于是严正地拒绝了这件事。

［8］癸未年二五：1643年，王夫之虚岁25岁。

［9］官绅命水倾：张献忠攻陷衡阳后，网罗有名望的人为其服务，不从者，被抛到湘江淹死。

［10］疾趋岳山上，莲花寄征程：王夫之、王介之兄弟不愿为张献忠服务，连夜逃出衡阳城，躲到南岳莲花峰舅父家中。

［11］寇获其父去：张献忠找不到王夫之、王介之兄弟，就把王夫之父亲王朝聘抓来作人质，想胁迫王夫之、王介之兄弟就范。

［12］寇以伤所屈，获免胥遁形：王夫之为了救父亲，用毒药涂脸上，用刀把自己的手腕刺伤，让人抬到张营。张部看到王夫之的惨状，加之军营里熟人说情，张献忠放了王夫之父子俩。

［13］黑砂潭：在南岳莲花峰下。

［14］庄烈缢自薨：明庄烈帝即朱由检，1644 年，因李自成攻克北京城，朱由检在万岁山自杀，明亡。

［15］国变悲不食，愤诗百韵成：王夫之听到国破噩耗，悲愤不已，一连几天不吃不喝，作《悲愤诗》一百韵，边读便流泪。

［16］无知明福王，降敌带全兵：1645 年 5 月，明福王被总兵田雄挟持，在芜湖投降清军。

［17］明遇撰墓铭：1646 年农历十一月初四，王夫之发妻陶氏亡，刘明遇为她写墓志铭。

［18］整年两丧事：1647 年 10 月，王夫之叔父王廷聘夫妇去世；11 月 18 日，王夫之父亲王朝聘去世。

［19］车架山阻往：1647 年，王夫之和夏汝弼赴武冈投奔明桂王，因雨路烂无法前行，被困双峰车架山，时间长达两月余。

［20］郑氏来亲迎：明桂王永历四年，即 1650 年，三十二岁的王夫之迎娶芳年十八岁的郑孺人。

［21］瞿公式耜荐，就职司人行：王夫之在瞿公式耜的举荐下，来到广西梧州，担任南明行人司行人之职。

［22］大义疏治国，陷害五虎名。党夏呈疏清，疏准好转程，营救高必正，助力去负荆，已观大局去，弃职梧州行：南明“吴”“楚”党争，党同伐异，纷争不断。后发生的“五虎”事件达到高潮。王夫之为救“五虎”，奋不顾身，与董云骧越职上疏死谏，后被王化澄陷害，幸亏高必正营救出来。通过在南明入仕做官，身陷党争漩涡，王夫之看清了时局危机已无可挽救，因此，他心灰意冷地挂职而回。

［23］壬辰秋八月，定国急来迎，可望狐假威，恐去身任轻，迟迟致

不果，章灵赋抒情：1652 年，李定国由广东出兵广西、湖南，取得军事上的胜利，率军进入衡阳，特派使者拜见王夫之，希望王夫之出山，但王夫之考虑孙可望的不可靠，婉言谢绝了李相国的邀请，作《章灵赋》谢答。

［24］次年甲午岁，零陵往避兵。北洞钓竹源，雩山台也坪：1654 年，王夫之为躲避战乱，来到零陵北洞钓竹源、云台山居住。

［25］卜东给饮食，不自谋必生：1654 年，王夫之隐居于常宁西庄园，变姓名为瑶人，饮食皆由王文俨先生提供。

［26］北望暮云横：1656 年冬，王船山携家属回到衡阳，登双髻峰，作《重登双髻峰》诗有“北望暮云寒”，因此，北望暮云横应为北望暮云寒。

［27］明朝寿年止，桂王被执丧：1662 年，明桂王被清兵由缅甸押送到云南昆明，后被吴三桂所杀，至此永历年号止于十五年。

［28］日过铁桥坳，拜谒恺六庄，凤仙花观美，聊题诗助偿：1663 年 3 月，王夫之外出看杜鹃花，来到铁墙拗，到王恺六的新房，和王一起为他的新房和石灰刷墙，边干活边聊天。铁桥坳应是铁墙拗。

［29］年逢五十一，辑定新篇章，注名曰定稿：即王夫之所作的《五十自定稿》。

［30］张孺人：王夫之的第三任妻子，生卒年不详。

［31］败叶门朝北，萧杀寒风狂：王夫之居住的败叶庐门朝北方，到了冬天，寒风穿门而入，说明居住条件很差。

［32］吴逆下衡湘。避氛湘乡住，数载负难装：1674 年正月，吴三桂在衡阳称帝，找王夫之写劝进表，王夫之不愿为“伪朝廷”服务，躲到了湘乡、洞庭，直到年末才回来。

［33］年在乙卯岁，长砂得流浪。遇上刘思肯，写照志高扬：1675 年 2 月，王夫之来到长沙，幸遇刘思肯，刘思肯为王夫之写小照。故长砂应为长沙。

［34］司马子有汉：此处“有汉”是明显得错误，应该是有谟，即章旷的儿子，船山的学生。

［35］九月江西归，风阻访明将。吊颐孙吕二，殉难于滩江：1675 年九月，王夫之从江西归来，经过湘潭时，遇狂风大浪，受阻改为拜访明将张永明，并与他一起吊唁其在漓江殉难的孙氏、吕氏两位佳人。

［36］行年五十七，旋归于草堂。仍里人旧址，徙居启祥光：1675 年冬，王夫子在相距观生居两里的地方新盖了一座草房，即湘西草堂，这是王夫之人生中最后的一个家。

［37］周易大传解：周易大传解应为周易大象解。

［38］吴逆戊午岁，僭号于衡阳，劝进表来属，婉词相拒方：1678 年闰三月，吴三桂在衡阳称帝，找人请王夫之帮其写劝进表，遭到王夫之的婉拒，王夫之对来人说，我是一个亡国的遗民，早已不过问家国世事，你们怎么能用像我这样带有晦气的人来做这种大事呢？

［39］九月初一日，花甲寿腾芳。戚友送贺仪，仗履扇衣裳：王夫之六十大寿，徐芳以松杖、朱履、青袍、竹扇祝寿。

［40］晚年壬戌岁，日病不安康。友人男公熊，疗效以药方：1682 年秋，王夫之染病，好友熊男公过访，帮其治疗。

［41］通锉论：此处应该是《读通鉴论》。

［42］厝葬大罗山，御恤永世藏：王夫之死后葬于衡阳县曲兰镇船山村高节里大罗山，其自题墓碑词：“有明遗臣行人王夫之字而农葬于此，其左则继配襄阳郑氏之所祔也。”自撰墓志铭：“抱刘越石之孤愤而命无从致，希张横渠之正学而力不能企。幸全归于兹邱，固衔恤以永世。”

位于衡阳县曲兰镇船山村高节里大罗山的船山墓

中间为王夫之，左边为继配襄阳郑氏，右边为儿媳刘象贤之女王刘氏（王敔妻子）

三、湘西草堂的兴衰及对联赏析

湘西草堂发展历史

湘西草堂是一代大儒王船山晚年潜心著述的居住地，始建于1675年。当时，王家清贫，仅以茅草、竹片、烂泥等易取材料构建而成，据《船山遗书》记载："蓬檐竹牖，植木九柱，编篾为壁，茅堵窗楹，少容几杖"。王船山就是在这简陋的湘西草堂晨夕著述，直至终年。

湘西草堂的简陋，见证了王船山晚年生活的窘迫，也与他遁世隐居的身份是契合的。僻居乡野的湘西草堂，是王船山安贫乐道的最好写照。寒暑往来，历经四十余年的湘西草堂在风雨飘摇中守护着王船山的精神宝藏。

时间来到了1716年，恰逢王船山次子王敔六十花甲，王敔的部分亲友、学生以祝寿的名义捐资给他，以重修湘西草堂。《邗江王氏六修族谱》中《湘西草堂沿革记》所说："故敔年花甲，从学者数十人，全为敔寿，遣其婿曾生，重建草堂，易瓦以葺，支椽一栌，遂砖以砌矣。敔年迈，藉门人与戚友志之支持。"[①] 由此，湘西草堂迎来了新的生命。王敔让他女婿曾生承头，负责湘西草堂的改造、重修。重修后的湘西草堂，实际上已不再是草堂了，而是实实在在的砖瓦房了：瓦片代替了茅草，砖头代替了烂泥，还增添了椽木。改造重修后的湘西草堂，较之以前的湘西草堂亮堂了许多，光彩了许多。

随着年代的更迭，湘西草堂的主人换成了王敔的孙辈王武昭及从孙王文明。因家境贫困，王文明兄弟将湘西草堂及门前的田塘等一并卖给了刘姓居士。在得知祖业售于外姓人士后，王船山的其他后人非常愤怒，他们联名上书官衙，要求返其祖业。在这场祖业诉讼案中，刘姓主人担心被王氏后裔节制，于是把湘西草堂及其田土等所有权转让给了朱姓人氏。《湘西草堂沿革记》中有云："文明兄弟以家业贫困挚脊长安，将屋田塘售刘，时以公之曾孙其旋，不忍先人之所属他人，率家人控辕县令雷公，断田田塘屋，田未备原价，欲债未果，刘恐后累，转售与朱。"[②]

---

① 王庸梯，等编．邗江王氏六修族谱．1995.

② 王庸梯，等编．邗江王氏六修族谱．1995.

咸丰辛酉年（1861），朱姓主人因砍伐湘西草堂四周的树木，又被王氏后裔起诉。后经时值县令的断定，湘西草堂及四周田土重回王氏后人手中，并当场宣布，王氏子孙不管以后发生什么变故，都不能再出售祖业。《湘西草堂沿革记》中有云："咸丰辛酉，朱姓强伐堑树肇讼，经县宪林断回，并良田四亩，书有捐契注明载案，且责其王氏子孙，任何形势，不得典卖，永远为船祖祀田祀庙，由斯后人再接再厉，加以修饰，改名曰船山祠。"① 回到王氏后人怀抱的湘西草堂，在众人的支持、资助下，重新装饰面世，改名为船山祠，作为供奉王船山的指定场所。每年的农历九月初一，王氏后裔集聚湘西草堂，祭祀王船山。湘西草堂成了王氏后人议事办事的中心，凝聚着王氏一脉的忠孝传承，繁荣了近百年，直到中华人民共和国成立。

历经风雨的洗涤，湘西草堂回到了人民政府的怀抱。土改时期，湘西草堂被当时的人民政府征用，直到后来人民公社时的枫马公社就设在湘西草堂，湘西草堂焕发出新的生机与活力。十年浩劫时期，社会盛行"横扫一切牛鬼蛇神""打倒孔老二"等倒逆行为，湘西草堂也遭受了劫难，房屋被瓜分，"竹木倾圮。宅舍折坏，目瞩心伤"。

"文化大革命"结束后，国家拨乱反正，重视文化、文物建设，把湘西草堂收归公有，重新按草堂原貌补修装饰，列为省级文物保护单位，并安排专人负责看管，湘西草堂又迎来了新的发展时机。

到了 2019 年，恰逢王船山诞辰 400 周年，省、市、县、镇等各级行政单位，出资出力把湘西草堂打造成文化旅游胜地，湘西草堂成为衡阳县的一张靓丽的旅游名片。如今的湘西草堂，前面荷叶连连，莲花竞秀；后面曲径通幽，改造成了休闲公园；草堂四周，青松翠柏，茂林修竹，绿荫如盖，旁有古枫，其干粗大而弯曲，形若骏马昂首跃前，王船山生前称之为"枫马"，侧旁一株古藤，铁骨盘旋，蜿蜒上升，俗称"藤龙"。枫马藤龙奇状异貌，生机盎然，一派生机勃勃的景象，实为草堂"奇观"。湘西草堂焕发出新的无限生机、活力，正映射着王船山"南国儒林第一人"的熠熠星光。

---

① 王庸梯，等编．邗江王氏六修族谱．1995.

湘西草堂

湘西草堂楹联、对联赏析

来到湘西草堂，首先映入我们眼前的是一副王船山表明节气的自撰对联：“清风有意难留我，明月无心自照人。”尽管“清风”有意吹拂，令人舒适、凉爽，但其来去无踪、琢磨不定，所以我无意挽留，不迷恋；“明月”虽然无心，但它皎洁如水，能静静地照亮黑暗的夜晚，给人以温馨和温暖。王船山生不逢时，遭受国破家衰的特殊经历。一生深受儒家文化影响的王船山，当然无法忍受外族的入侵。他怀抱反清复明的梦想，早期肩扛抗清大旗，投身武装斗争活动。此对联中，“清风”比喻清朝政府，“明月”暗喻大明朝廷。王船山在反清复明的系列斗争失败后，隐居湘西草堂，不管天晴下雨，他都坚持出去穿木屐、打雨伞，意思是“头不顶清朝的天，脚不踏清朝的地”，以“明遗臣”自居。清朝多次派人请他出山，他一概拒绝。此对联表明了王船山高贵的品质，不愿屈服于清朝，不愿做清朝的官，甘做一个“遗民”，过着与世隔绝的生活，表现出王船山不受利禄诱惑、忠君爱国的民族气节。

湘西草堂门口另一副对联：“芷香沅水三闾国，芜绿湘西一草堂。”据说此对联是王船山自撰的，也有人说是国学大师王闿运所作。根据对联意思推测，我认为此对联是王闿运所作的可能性要大，原因有二：其一，民国国学大师王闿运与王船山的渊源极深，他曾是船山书院的山长，在衡阳东洲岛上度过了几年讲解船山思想的美好时光，因此他对王船山是极力推崇的，这从他在船山墓地为王船山作的两副对联：“前朝干净土，高节大罗山”“世臣乔木千年屋，南国儒林第一人”可以看出。奇怪的是，在湘西草堂却没有看见王闿运所作的对联，这于情于理都是说不通的。其二，从对联的意思来看，“芷香沅水”意指王船山的爱国情操，有如屈原精神的芷草之香、沅江之水般高洁绵长，至死不渝，“三闾”指屈原，屈原曾做过楚国的“三闾大夫”，“三闾大夫”是战国时楚国特设的官职，主持宗庙祭祀，兼管王族屈、景、昭三大姓子弟教育的闲差事，屈原贬后任此职。“三闾国”意指楚国，暗指广袤的湖湘大地，上联以屈原衬托王船山，以湖南广袤的大地对应下联湘西草堂这一弹丸之地，意思是说整个湖南，乃至全国，都已是清朝的天下，但这幽静、翠绿的湘西草堂，却依然是王船山心中的圣地与梦想，赞颂了王船山像屈子一样洁身自爱，不同流合污，高度评价了王船山与清廷势不两立的民族气概和坚贞不屈的高尚情操。因此说，从逻辑上讲，王船山不可能自己给自己这么高的评价，应该是对他非常崇拜的人才会这样去说的。

进入湘西草堂，大堂正中悬挂着王船山身着明朝官服的画像，上面是一块写有“岳衡仰止”四个大字的匾牌，这是清代名臣两江总督陶澍所题的匾牌，高度赞扬了王船山的高贵品质、学术贡献，在立德立言方面，都是伫立在湖湘大地上的一座世界级的高峰，是湖南人，乃至中国人的骄傲与榜样。画像两侧是王船山自撰的一副对联：六经责我开生面，七尺从天乞活埋。这副对联，充分体现了王船山“经世致用”“开拓创新”的可贵精神和“宁折不弯”“大义凛然”的圣哲风骨，展示了一种担当精神和舍我其谁的强大气势，不惜牺牲自我，坚决捍卫“为往圣继绝学”的崇高理想。隐世而不弃世，断绝一切念想，全身心投入开创儒家文化新生的艰难事业中去，复兴六经之学。

正堂的两侧，悬挂着众多时代名流或追崇王船山的文人雅士对“南国儒林第一人”的赞誉对联：

“笺疏训诂，六经于易尤专，阐羲文周孔之遗，汉宋诸儒齐退听；节义词章，终身以道为准，继濂洛关闽而起，元明两代一先生”（清 郭嵩焘撰）

羲文周孔是指易经四圣伏羲、文王、周公、孔子；濂洛关闽意指宋代理学四大家，即濂溪周敦颐，洛阳程颢程颐，关中张载，闽中朱熹。此联礼赞王船山学术思想与道德人格，称博学多才的王船山远接易经四圣，近接宋明理学四大家，其在儒家文化的历史成就与贡献上，汉宋元明清诸儒均不在话下，高度阐明了王船山在思想界、学术界的地位，远胜周敦颐、程颢程颐、张载、朱熹等人。由此可见，郭嵩焘此联对王船山给予了极高赞誉。

“自滇池八百里而下，潇湘泛艇，岣嵝寻碑，名迹访姜斋，风月湖山千古；孕衡岳七二峰之灵，挥麈谈兵，植槐卜相，雄才张楚国，文章经济一家”（清 张之洞撰）

岣嵝即是衡阳县的岣嵝峰山，姜斋，系王夫之的别号，麈指麈尾，古以驼鹿尾为拂尘，故称拂尘为麈问尾，魏晋时名士清谈，常持麈尾，后特指客座清谈为麈谈；植槐卜相典出《周礼·秋官·朝士》，“面三内槐，三公位焉”，三槐，指古代外朝所植的三株槐树，三公位于其下，故后代以“三槐”作“三公”的代称。上联写作者张之洞从云南坐船入潇湘，寻访船山故居的经历，下联赞扬王船山的知行并进、经世致用、雄才大略，也是作者本人对王船山一生成就的高度评价——楚国文章经济第一人！从中我们可以看出清朝重臣张之洞对王船山的仰慕之情宛如高山流水。

“天下士非一乡之士，人伦师亦百世之师”（清 陶澍撰）。

此对联作者是清代名臣、两江总督，也是国学大师的陶澍。因陶澍是湖南益阳人，从感情上讲，他对王船山这位家乡先贤充满了敬佩之情。他说，王船山生于衡阳、卒于衡阳，虽是一乡之士，但他的成就和影响，已不单单属于湖湘大地，他是普天下的人伦之师，是中国杰出的国学大师，是世代学习的典型。对联言简意赅，高度评价了王船山的学术价值和历史地位。

“忠希越石，学绍横渠，在当年立说著书早定千秋事业；身隐山林，名传史乘，到今朝征文考献允推百世儒宗”（清 林庭式撰）。

上联颂扬了王船山的忠贞爱国品质及著书立说精神，下联概述了王船山治学的艰难历程及其对后世的深远影响，是百年的儒宗，学习的典范。

“自抱孤忠悲越石，群推正学接横渠”（清 唐鉴撰）

此对联从两个方面对王船山进行了总结：忠君爱国自比刘越石，在哲学思想领域发扬、光大了横渠学说，被后世所推崇。

“湘水衡云留正气，楚辞孤竹证同心”（民国 陈墨西撰）

此对联赞扬了王船山的一身正气长留人间，从他的著书立说和湘西草堂前的竹子，都可以见证这位忠肝义胆的大儒“六经责我开生面，七尺从天乞活埋”。

“云中读史千秋泪，世外传经百代师”（雷敢撰）

此对联的“云中”“世外”互文见义，意为隐居。上联道出了王船山读史著书时的忧国忧民心情，下联概述了王船山隐居僻野，著书立说，孜孜不倦，终于成为一代大师，是世人学习的典范。

“气节仰仪型，履地伞天心送客；声名扬宇宙，国仇家恨志如钢”（清常大淳撰）

此对联的大意是歌颂王船山的民族气节，矢志不移的反清复明精神。

“无意清风，英雄事业余肝胆；有怀明月，思想文心照古人”（民国王东原撰）

此对联与王船山自撰的“清风有意难留我，明月无心自照人”很相似，估计是作者受到王船山的启发而改写过来的，歌颂王船山的民族气节和反清复明、潜心著述的精神。

“痛哭西台，当年航海君臣，知己犹余瞿相国；羁栖南岳，此后名山述作，同心惟许颜亭林”（清 洪亮吉撰）

瞿相国即是瞿式耜，瞿式耜曾举荐王船山去肇庆辅佐永历帝。王船山从南明朝挂职回乡时也前往桂林投奔过瞿式耜，两人关系很好，互为知己，都是反清复明的斗士。后瞿式耜在桂林宁死不屈被清兵所杀。颜亭林，即是明末清初另一个著名的思想家顾炎武，也是反清复明的斗士，在思想界、学术界具有很高的历史地位，与黄宗羲、王夫之并称为明末清初三大思想家。此对联用互衬的手法，赞颂王船山的民族气节和学术贡献，立言立德，名垂千古。

湘西草堂内景

四、《邗江王氏六修族谱》中的《祭礼五则》[1]

清明祭祖文

千枝竞秀，抚时切报本之思，万派从新，触目动追远之念，天时著于雨露，节届清明，人事重于宗亲，典隆钥祭，聊修俎豆，敢云祀事孔明，薄采苹蘩，亦日孝思不匮，读凫鹭之族泳，惟期福禄来成，诵昌炽之歌，但冀孝孙有庆，士攸宣而农克敏，利遂名成，家丕振而族同光，兰馨桂馥，念我先人，陟降庭止，惟予小子敢竭鄙忱。

冬至祭祖文

一阳来复，七日见天地之心，半子初临，万物启乾坤之橐，物原所始，水木念切本原，人返所生，见闻感生忾爱，等仰承祖绪，缅想宗功，兹届仲冬聿修蒸事，跄跄济济，敢云孝子之绥，芬芬，聊报祖先之德，以妥以侑，俾炽俾昌。

祭祖诞辰文

伏以夕膳晨馐，洗腆既承于膝下，肥芗和，豆笾应列于几筵，追念吾祖，孝友传家，则诗书重训，愧篡裘之莫绍，空说风毛，孝典到之长流，有怀燕翼，根之深者叶自茂，枝更生技，源已远而流必长，派方分派，食先人旧德，无忘稼穑艰难。冀后人发祥，聪听祖考严训，兹值大人之诞展，恭行拜献。菜取苹蘩，敢谓惟其佳矣，撰陈鱼菽，庶几于以奠之，伏冀宗功浩大，祖泽悠长、重裕后昆，庆衍螽斯之辑辑，昭兹来许，祥开麟趾之振振，降福孔克谐克孝，惟售兹不验、尚其姜鉴诸。

冬至祭船山大祖文

空山抱道，独怀忠孝之心、异代流芳，增美桂林之传。遗书尽出，隐德弥光，况草堂之故址犹存，喜太祖之像形无恙，正内正外，索道范于先灵，是祖是孙，垂箴规于后起，特陈酒撰，敬告先人，伏翼降临，默垂庇佑。长发其祥，个个尽耕苦读，克昌厥后，人人是孝子贤孙。

---

[1] 王庸梯，等编．邗江王氏六修族谱．1995.

自身生日祭先文

呜呼不孝之托，有今日者，伊谁之力，吾父母之诞生儿不孝者，正是此日，饥寒兮我食我衣，疚病兮我搔我抑，百计调护，抚养成立，鞠育之德难酬，劬劳之恩罔极，痛父母之不存，欲追养以何及，薄奠泣陈，藉表寸臆，精灵如在，庇尔后裔。

五、王船山后裔基本情况调查问卷

刘嫱、谢娴婷、谢巧、谢菲菲、刘添帅

调查日期：年　月　日

调查指导员（签名）：

调查员入户致辞：

尊敬的先生/女士，您好！我们是衡阳师范学院大学生王船山研究协会调查员。船山故里，国学飘香，2019 年正值王船山诞辰四百周年，为全面了解王船山后裔基本情况，完善船山家风传承问题的相关课题研究，我们特别展开这次调查。所有调查内容仅用于统计分析，我们将按照《中华人民共和国统计法》相关条款要求，对您及家人的信息予以保密。您的建议将会是我们课题研究的宝贵信息，希望您能如实回答以下问题，非常感谢您的支持与配合！

一、个人及家庭成员基本信息

1.1. 个人基本情况

姓　名		族谱中的姓名		在族谱中处于第几代	
出生年月		年龄		学历	
政治面貌（如群众、党员、团员）		职业		配偶姓名	
宗教信仰		联系电话			

1.2. 受教育情况

学习阶段	年限（如 1974—1979 年）	就读学校
幼儿园		
小学		
中学		
高中		
大学		
硕士		

1.3 职业情况（根据实际情况任选一表填写）

1.3.1. 若职业和工作地点都无变动

职业	工作年限（如 1974—2001 年）	工作地点（如：曲兰镇）

1.3.2. 若职业或工作地点有变动

职业	工作年限（如 1974—2001 年）	工作地点（如：曲兰镇）

1.4. 婚姻情况（如有再婚请在第二、第三栏继续填写）：

学历	姓名	职业	配偶籍贯	出生年月	年龄

2. 家庭成员基本情况

	姓名	出生年月	籍贯	年龄	职业	学历	若有人去世，下葬于何处
父亲							
母亲							
继母（无则不填）							
继父（无则不填）							
女儿（按出生顺序填）							

二、王船山及王氏家族相关情况（在□填√）

1. 您是否知道王船山？

□是□否

2. 您是否知道自己在族谱世系表中属于哪一房？

□是（属于____________房）□否

3. 您的父亲、祖父或其他长辈是否有给你讲解过王氏家族的家风家训？

□是□否

如果有，他们具体给你讲了什么内容？（请您凭借记忆写出，不要相互提示）

____

4. 您知道船山家训包含哪些具体内容吗？

____

您自己又是如何看待这些家训的？

____

5. 如果家族中有人办丧事，您认为下列方式好不好？（请和尚、请腰鼓队、请戏班等）

____

6. 您和您的家人是否举办、参加过祭祖这类的活动？

□是□否

7. 如果有祭祖这类的活动，除了祭奠自己的直系长辈，您和您的家人是否会在以下时节中对王船山进行祭拜？（可多选）

□春节□清明节□中元节（俗称“七月半”）□其他时节__________
□没有对王船山进行祭拜

8. 您的家族是否有祠堂？

□是□否

9. 您或您的家庭是否参与过修建过祠堂？（包括捐款捐物）

□是□否

10. 您是否了解、知道关于王船山的民间传说？

□是□否

11. 您的家里是否保存有王船山的手稿等资料？

□是□否

三、社会关系及社会活动情况（在□填√）

12. 您是否从事过以下集体活动？（可多选）

□社区活动（如：社区广场舞等）

如果参与过，有哪些？请简要写出来________________________

____

□慈善活动（如：金钱捐助、物资捐助、慈善表演）

如果做过，有哪些？请简要写出来________________________

____

□义务劳动（如：清扫公共设施、植树）

如果做过，有哪些，请简要写出来________________________

____

□其他公共活动________________________

____

13. 您是否会关心以下社会集体事务？（可多选）

□邻里之间发生矛盾，主动调节邻里关系

□有人急需资金的时候会乐意资助

□有人办事缺乏人力支持时会主动帮助

□其他____________

14. 您是否参与以下娱乐活动？（可多选）

①棋牌类

□无钱作为彩头□有钱作为彩头□其他：____________

②体育运动类

□篮球□广场舞□太极□足球□羽毛球□其他：__________

③文化艺术类

□书法□绘画□雕刻□器乐□其他：__________

15. 您的居住地周边是否有以下文娱活动场所？请回答下列问题：

①您居住的周边是否有学校？

□是（如果有，学校名称是____________）□否

②子女是否在此就读？

□是□否

③您居住的周边是否有祠堂？

□是□否

如果有祠堂，您去祠堂的频率是_______________（若没有则不填）

□一周一次□一月一次□半年一次□一年一次□从不□其他_______

⑤您居住的周边是否有文化馆？（如：博物馆、美术馆、科技馆等）

□是，有_______________________等场所

□否

⑥如果有，请问您前往文化馆的频率是？

□一周一次□一月一次□半年一次□一年一次□从不□其他_______

16. 您的居住地附近是否存在以下新兴产业？（可多选）

□电商（如淘宝网店、微商等）

□特色旅游

□有机农场

□其他_________________________________

17. 您作为王船山的后人是否有自豪感？

□是□否

18. 您是否有过因自己是船山后人而受益的经历？

□是，请具体写出_________________________________

□否

19. 您对家庭责任感的认识？（可多选）

□对父母尽孝

□对家庭尽责

□对兄弟和睦

□其他____

20. 您与王氏家族成员的具体来往情况如何？请回答下列问题：

①您与王氏家族其他后人是否有来往？

□是□否

②如果有来往，来往的对象是哪一房？（可多选）（如不知道是哪一房则可不填写）

□生兹□生若□生苍□生远

③您与王氏家族其他后人来往的原因？（可多选）

□亲情□工作□其他________________________________

④您与王氏家族其他后人来往的圈子多大？（可多选）

□船山村□界牌镇□关市镇□其他_______________

21. 您对王氏家族的建设有过什么贡献？（可多选）

□修族谱□修宗祠□修缮湘西草堂□其他_______________

22. 您对后人的读书情况、学习有什么要求？（可多选）

□硕、博士□大学本科□高中□初中□小学□其他_______________

23. 您对待后人婚姻的态度是怎样的？（可多选）

□自由婚姻□嫁女收彩礼□不做上门女婿□其他_______________

24. 您对后人的择偶标准是？

职业要求：____

学历要求：____

地区要求：____

其他：____

25. 您心目中后人的理想职业是什么？（请按照您的理想排序）

□务农□经商□教书□做官□律师□厨师□屠夫

□其他_______________

26. 您对后人的道德品质方面有什么样的要求？（可多选）

□尊敬长辈

□赡养父母

□帮助兄弟姐妹

□待人友善，和睦邻里

□不计小利，乐善好施

□其他____

28. 目前为止，您到过哪些地方？（没有就不填写）（可多选）

①您去过衡阳市那些县或区

□衡东县□衡南县□石鼓区□其他_______________

出行理由_______________

②您去过湖南省哪些市？

□长沙市□株洲市□湘潭市□其他_______________

出行理由_______________

③您去过全国哪些省？

□湖北省□浙江省□江西省□其他________________

出行理由________________

④您去过哪些国家？

□英国□美国□法国□其他________________

出行理由________________

29. 您平时主要是因什么原因而出行？(可多选)

□旅游□探亲□打工□其他________________

30. 若您现在在外工作，那您多久回一次老家？(若你一直在家则不要填写)

□一个月□半年□一年□五年□十年□其他

注：此表在朱迪光教授的指导下，我们督促我院大学生王船山协会的刘嫱、谢娴婷、谢巧、谢菲菲、刘添帅等同学进行了认真的整理，完成此调查表后，我们在船山后裔实地调研、采访中发放下去，当场收回。这些调查结果，对我们了解船山后裔情况很有帮助。

六、线上调查问卷数据统计

刘嫱、谢娴婷、谢巧、谢菲菲、刘添帅

问题：您的性别？	数量（人）	比例（%）
男	43	97.73
女	1	2.27

问题：您是否已婚？	数量（人）	比例（%）
是	31	70.45
否	13	29.55

问题：您知道自己属于哪一房？	数量（人）	比例（%）
生若房	2	4.55
生兹房	6	13.64
生苍房	1	2.27
生远房	7	15.90
不知道	28	63.64

问题：您目前的职业？	数量（人）	比例（%）
企业、事业单位人员	9	20.45
私营业主、个体户主	3	6.82
自由职业者	11	25.00
农民	15	34.09
其他	6	13.64

问题：您的年收入大概是多少？	数量（人）	比例（%）
3 万以下	18	40.91
3—5 万	7	15.91
5—8 万	7	15.91
8—12 万	7	15.91
12 万以上	5	11.36

问题：您的学历是？	数量（人）	比例（%）
小学	11	25.00
初中	12	27.27
高中	5	11.36
本科	4	9.09
中专或大专	10	22.73
研究生及以上	2	4.55

问题：您对《传家十四戒》中的内容了解多少？	数量（人）	比例（%）
非常了解	0	0
比较了解	8	18.18
一般	9	20.45
不太了解	10	22.73
不了解	17	38.64

问题：您家是否遵循了以下家训？	数量（人）	比例（%）
勿以子女出继异姓	17	38.64
勿为僧道	36	81.82
勿作吏胥及与胥隶为婚姻	7	15.91
勿作屠人厨人及鬻酒食	11	25.00
不迷信	35	79.55
葬礼从简（如不应七、不开路）	32	72.73
勿作赘婿	21	47.73

问题：您的家里现在有王船山留下来的物件或书籍吗？	数量（人）	比例（%）
有	1	2.27
没有	43	97.73

问题：您家里现在是否有五修或六修族谱？	数量（人）	比例（%）
有	13	29.55
没有	7	15.90
不清楚	24	54.55

问题：您的长辈有跟你讲过船山的故事和传说吗？	数量（人）	比例（%）
有	28	63.64
没有	16	36.36

问题：您会和小孩讲关于船山的故事吗？	数量（人）	比例（%）
没有	17	38.64
有	27	63.36

问题：您现在还会去大罗山祭拜王船山先生吗？	数量（人）	比例（%）
会	32	72.73
不会	12	27.27

问题：您会什么时期去大罗山祭拜？	数量（人）	比例（%）
春节	20	45.45
清明节	19	43.18
中元节	5	11.36
空	10	22.73

问题：您觉得现在有必要重提家风建设吗？	数量（人）	比例（%）
有必要	43	97.73
没必要	1	2.27

问题：您认为“家风建设”对于现代社会的意义是什么？	数量（人）	比例（%）
提高全社会对于家庭教育的重视程度	12	27.27
解决社会道德领域存在的问题，改善社会风气	2	4.55
增进家庭观念意识及家庭和谐程度	7	15.91
弘扬传统文化，增强文化自信，加强精神文明建设	22	50
没有意义	1	2.27

问题：您和关市、界牌、大塘村等地的其他船山后裔还保持联系吗？	数量（人）	比例（%）
经常联系	3	6.81
偶尔联系	14	31.82
联系很少	14	31.82
没有联系	13	29.55

注：此表由刘嫱、谢娴婷、谢巧、谢菲菲、刘添帅五人共同完成，是我们在船山后裔调查、采访中，要求对分散在全国各地的船山后裔进行的线上调研，数据由学生收集、整理。通过此表，我们可以大体了解当今船山后裔在家风传承方面的情况：首先，作为船山后裔，由于年代久远，他们对王船山的了解不是很多。从采访的结果来看，他们大多文化程度不是很高，硕士以上的仅 2 人，这说明他们接受教育程度相对较低，这也是对王船山了解不多的一个重要原因；其次，接受采访的船山后裔，基本上传承了“不信迷信”的家风，主张丧事从简；最后，重要的一点，他们大多数都认为“家风建设”对于现代社会的和谐建设很有意义，很有必要重提家风建设，因为，这能增进家庭观念意识及家庭和谐程度，解决社会道德领域存在的问题，改善社会风气，更是弘扬传统文化，增强文化自信，加强精神文明建设的有效途径。

七、邗江王氏族谱照片

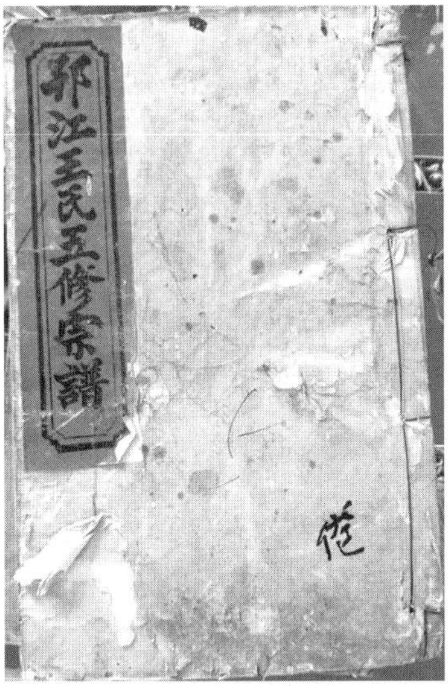

《邗江王氏五修宗谱》照片

《邗江王氏六修族谱》照片

八、赴船山故居调研、采访照片选登

在船山村（船山墓庐）采访守墓人王多智

在湘西村竹花园（败叶庐旧地 ）采访船山后裔王述斌

在湘西村（堆子组）采访船山后裔王勋槐

参观败叶庐旧址

与《衡阳日报》记者团一起在常宁洋泉的西庄园调研

在衡阳县界牌镇走访船山后裔

主要参考文献

[1] 王德兰，等编．邗江王氏五修宗谱．1917.

[2] 王庸梯，等编．邗江王氏六修族谱．1995.

[3] 王夫之．船山遗书．北京：中国书店，2016.

[4] 王夫之．船山全书．长沙：岳麓书社，1988.

[5] 朱迪光，刘敏，陈杨．船山学简明读本．湘潭：湘潭大学出版社，2016.

[6] 肖立建，林新华．船山悟道——一位思想家的行与思．长沙：湖南大学出版社，2019.

[7] 王夫之．船山全书．长沙：岳麓书社，2011.

[8] 王万澍，王国牧．湖湘文库·湖南阳秋．长沙：岳麓书社，2012.

后 记

为了纪念伟大的思想家、哲学家王船山，进一步弘扬中华优秀传统文化，我们在船山学研究基地首席专家、船山学社社长朱迪光教授的带领下，多年来一直从事关于船山家风传承研究。尤其是2019年，因是船山诞辰400周年，我们更是多次深入衡阳县曲兰镇的湘西村、船山村，衡阳县关市镇、界牌镇等王船山后裔聚居的地方实地采访船山后裔，了解、探寻船山家风传承情况。另外还组织衡阳师范学院大学生王船山研究协会的学生从相关渠道获得船山后裔的联系方式，以调查问卷的形式对44名船山后裔进行了线上调查，获得了丰富的第一手研究资料。在此，特别感谢我省船山学著名专家王兴国先生。他在病休阶段，不辞辛劳、不顾年高体弱，为本书作序，且多次与我交流，校正文中的错误，提出修改意见。王社长的严谨治学精神以及关爱后辈的情怀，体现了先生对王船山的高度热爱之情、对学术的崇敬之情、对后学的关怀之情！衷心感谢朱迪光教授真知灼见的指导和提携后学的可敬精神。朱教授不但为本书的撰写提供了纲领性的指导意见，还身体力行带领我和其他同事、同学深入船山后裔家中进行采访、调研，获得了权威、可信的第一手资料信息。因此，本书中很多数据、材料真实、可信，是研究船山家世家风的珍贵资料。非常感谢衡阳师范学院文学院唐红卫博士，为书稿的形成付出了大量宝贵的休息时间，给我提出了许多中肯的修改意见。此外，还要感谢湖南师范大学刘建荣教授，她为本书的相关章节内容提供了宝贵的理论指导。在此，我对上述热衷船山研究的前辈、老师表示深深的谢意！另外，我还要感谢衡阳师范学院大学生王船山研究协会的刘嫱、谢娴婷、谢巧、谢菲菲、刘添帅、曾勇等同学，他们热爱王船山，为船山家风传承研究付出了很多心血，牺牲了很多休息时间。去年暑假，他们不辞辛劳，扎根船山故居，长达一周有余，走村串户，对船山后裔进行船山家风传承采访和调研，本书部分章节中就有他们辛勤的汗水和闪光的智慧。除此以外，我还要特别感谢衡阳县船山研究室、衡阳县文体新局、衡阳县曲兰镇的相关领导的大力支持，广大船山后裔的倾力配合、无私分享、热情接待。没有他们的关照、关心和支持，我很难完成此项研究工作。

王船山是衡阳的，也是湖南的，中国的，世界的。船山思想博大精深，船山家风是中华传统文化的典型代表。当前，全国上下深入贯彻落实习近平总书记的指示精神，大力弘扬中华优秀传统文化。在船山研究领域，目前我国学术界大多数是热衷于船山哲学思想、文学思想、教育思想的研究，而对于船山家风及其传承方面的研究要少得多。在船山家风的形成方面，虽略有触及，但没有明确说明，尤其是关于船山后裔对船山家风的接受、传承，学术界还没有人真正深入研究。家风研究是我国家庭教育、立德树人的重要课题，它是一个家庭或家族的传统风尚，是中华民族传统美德的现代传承，也是家庭成员立身做人的行为准则，更是社会和谐的基础。因此说，我们对船山家风及其传承研究是对船山学研究领域的很好补充，具有较强的现实意义：

第一，推动学术界加强对家世、家风的研究，尤其是对名人家风的研究。家风是一个家庭的主流价值观，也是其精神内核，对家庭、社会的发展都具有重要的现实意义。党的十八大以来，习近平总书记多次就家风建设作出重要论述。本书通过对王船山家风及其传承研究，以期引起学术界的关注，并在学术界掀起家风研究热，尤其是对名人家风的研究。

第二，深入推动中国传统文化研究的热潮。家风是中华优秀传统文化的重要内容，对王船山家风及其传承研究，实际上就是继承、弘扬中华优秀传统文化。

第三，丰富船山学的研究领域和内容。目前学术界对于船山研究主要关注点是船山哲学、船山文学、船山学术史等方面的研究，而对于船山遗风及其传承方面的研究却很少。对王船山家风及其传承研究，打开了船山学研究的新视角。

第四，服务于文化传承的实践。本书就是挖掘、传承和弘扬中国优秀传统家风文化，其实质就是在实践文化传承工程。

第五，通过对王船山家风及其传承研究，总结、提炼出它的精神价值，进一步弘扬中国优秀的传统文化，为推进优秀家风培育，建设美好家园，实践社会主义核心价值观，建设社会主义新农村，全面实现小康社会，培养社会主义国家优秀接班人都具有重要的现实意义。

第六，纠正《邗江王氏六修族谱》里的个别错误之处，补充《邗江王氏六修族谱》里遗漏的名单，为《邗江王氏七修族谱》提供宝贵的准确信息。

我们通过对王船山家风及其传承研究，总结、提炼出王船山家风的特征，挖掘出中国传统文化的精神价值，指导当今社会的“家世家风”建设，为传承、弘扬中华优秀传统文化、建设和谐美丽的家园服务；深挖船山家世家风以及船山遗风在船山故里传播、流行的历史渊源、发展轨迹、时代价值与现实意义，将它与传承中华优秀传统文化，打造具有浓郁历史文化底蕴的家庭教育文化氛围相结合，为引导和培养孩子良好的品质和正确的价值观提供理论依据。

本书中参考了部分专家、学者的观点，没有一一列举出他们的名字，在此，我表示诚挚的谢意！本人才疏学浅，书中肯定还会有一些错误和疏忽。尤其是对于一些传略的选摘，由于它们本身是文言文，没有断句和标点，因此，错误之处在所难免，敬请各位方家批评指正！

最后，衷心感谢湖南省船山学研究基地资助出版！感谢衡阳师范学院各级领导的关心、指导、支持！

邓胤龙

2020 年 10 月

